设计公开课

图解照明设计

刘　涛　庹开明　等编著

U0240799

机械工业出版社
CHINA MACHINE PRESS

本书以简洁、生动的方式对照明设计的特点、内容、设计步骤、工作流程、方法、技巧、目标等有关问题做了全面、系统的介绍。其中重点讲述了如何建立合适的照明设计理念，完成一个特定场所的照明设计需要考虑哪些问题，照明设计如何与建筑、室内、电气等相关专业进行配合等内容。书中还探讨了有关照明设计的专业定位与发展方向。本书是一部主要面向室内外设计、电气设计与照明设计等有关专业关于照明设计的教学指导图书，可供相关灯光照明设计人员与高等院校室内外设计专业、照明设计专业学生使用或参考。

图书在版编目（CIP）数据

图解照明设计 / 刘涛等编著. —北京：机械工业出版社，2018.12 （2021.1重印）
（设计公开课）
ISBN 978-7-111-61849-2

Ⅰ.①图… Ⅱ.①刘… Ⅲ.①建筑照明—照明设计—图解
Ⅳ.①TU113.6-64

中国版本图书馆CIP数据核字（2019）第0113939号

机械工业出版社（北京市百万庄大街22号　邮政编码100037）
策划编辑：宋晓磊　责任编辑：宋晓磊　范秋涛
责任校对：佟瑞鑫　封面设计：鞠　杨
责任印制：张　博
北京宝隆世纪印刷有限公司印刷
2021年1月第1版第2次印刷
184mm×260mm·14.75印张·362千字
标准书号：ISBN 978-7-111-61849-2
定价：79.00元

前 言

现代建筑装饰不仅注重空间的构成要素，更加重视照明设计对室内外环境所产生的美学效果以及由此而产生的心理效应。因此，照明不仅仅是延续自然光，更是在建筑标准格式中充分利用明与暗的搭配，光与影的组合，从而创造一种舒适、优美的光照环境。

环境设计是一个系统工程，它需要建筑师、结构工程师、室内设计师、照明设计师及供暖、空调、电气工程师诸多人员共同努力建设。随着时代的进步，人们对使用空间的要求越来越全面，照明设计已成为环境设计的重要环节，成为人们对空间设计的重要要求之一。而不同的空间类型对照明设计的具体要求是有区别的，功能性与审美性相结合是照明设计总的趋势。

照明是科学，也是艺术，建筑物内部特别依赖照明，光线也凸显建筑的内外结构和材料质感。设计师除了需要充分地理解建筑的形体和空间，还要能够对灯具和光源进行准确把握和熟练运用。只有充分掌握"光"的控制技术，才能对"光"进行合理科学的布置，才能设计出满足人们视觉生理和心理需求的好作品。

很多设计人员都非常渴望掌握照明的原理和技术，而市场上对应的教材大多是讲述光电学的物理知识，没有从设计角度图文并茂讲述空间照明的理论书籍，不能激发大家的学习欲望，对大家的设计思维也不能起到有效的推动作用。针对市面上已有书籍的不足，我们编写

这本《图解照明设计》，包括从光学物理性能、照明美学等角度叙述了照明的基础理论，同时也通过照明空间设计真实案例和照明空间图片赏析来加强读者对照明设计应用能力的掌握。本书收录的案例精确到空间的布光依据、灯具种类、设计数量等，具有较高参考价值。

通过对照明知识的学习，读者可掌握构成照明的基本法则，培养自身的审美情趣、设计意识和构成能力，同时使自己具备一定的创意能力。可掌握照明设计的基本原理和规律，能运用照明对环境气氛与个人情感的表现，对照明具有初步的理性分析和表达能力，为深入的专业设计打好基础。本书主要内容包括照明概述、光与电的关系、照明灯具、照明量计算、照明与设计、直接与间接照明、艺术照明、照明案例赏析等相关内容，其中重点讲解了LED灯具的相关内容，灯具的相关照明量计算以及优秀照明案例赏析。本书内容新颖，系统全面、图文并茂，兼顾专业与普及两个方面。

本书在编写过程中得到了广大同事、朋友的关照，感谢他们提供各种资料，在此表示感谢：黄溜、蒋樱、柯玲玲、廖志恒、刘婕、李星雨、彭曙生、王煜、王文浩、肖冰、袁徐海、姚欢、祝丹、张秦毓、邹静、钟羽晴、张欣、朱梦雪、张礼宏、汤留泉、万丹、张慧娟、袁倩、金露。

编者

图解照明设计

目 录

前言

第1章
照明概述

识读难度：★☆☆☆☆
核心概念：灯光、照明、明暗、环境设计

章节导读：

　　在人类漫长的文明发展历程中，照明一直与人类生活息息相关，在我们生活的世界里，没有光明是不可想象的。随着人类文明的发展，从最初仅靠自然光照明到现在变幻无穷的人工照明，我们已经不会再在黑暗中度过漫漫长夜。时至今日，灯光已经不再仅仅是为了单纯的照明，还涉及艺术领域，光环境的营造以及与之相关的文化内涵的表达也逐渐渗透进人们的生活当中，成为不可或缺的组成元素。

1.1 何为照明

照明是指在不违背真实生活的前提下，为了更加典型地创造环境，使其符合塑造环境要求，用人造光源创造一种环境气氛感，并将这种气氛感富于感染力，通过各种媒介表现给人，同时还可以利用有依据的多向光源，完美地创造出设计所要求达到的照明效果。更通俗的一种说法是我们利用所能想到的所有材料以及在生活中看到的所有美好场景，将其与灯光结合起来，从而达到既具有照明功能，又兼具自然气息和一定的审美性的一种照明。

照明设计涉及整个建筑及其空间，包括如何使建筑和空间因照明而增添美感，如何使人们受到感动的效果，照明设计早已超过了照明灯具的范围，这要求我们不仅要熟知光源和照明灯具，还要深入考虑要照明的空间以及照明对象的性质与人们的视觉心理、生理特征的变化关系，同时照明手法和方式也会随着光源种类的不同而变化。

建筑物和照明灯具上所使用的不同材料，通过反射、透射和折射光源所发出的光辉，从而改变光源放射出来的光的性质，而光不止包括人类视觉可感知的光，还包括人类视觉感知不到的红外线和紫外线等，我们把这些光称为电磁波，波长的范围不同决定了各种不同波长光的性质。在进行照明设计时要减少无意义的照明，突出强调的那一部分，从而提高环境气氛和能见度，以此来突出整体照明效果。

↑利用低色温的暖色光照明来对历史久远的建筑物进行轮廓照明；而新建筑物则更多地采用高色温的白色光照明，这样反而会使其更加醒目。

↑照明具有很浓烈的装饰作用，不同的灯光可以营造出不同的氛围，例如，台灯在经过精心布置后也能产生不一样的投影效果和光影情调。

图解小贴士

如果将光与发光面分隔成细小的部分，则会导致光束相对比较分散，在进行照明设计时，可以在灯具的配置数量上做改变。例如，同时选用多个低瓦数的灯具，来代替高瓦数的灯具，以此综合地达到一个比较好的照明效果，还可以从灯具的色光以及色温上来进行选择，也可以达到不同的效果。

空间有别，灯光有异

　　随着科技的不断发展，照明也越来越科技化，下面简要地给大家介绍一种智能灯光系统，在未来的照明设计中，也可以将智能、科技与照明有序地进行结合，设计出更富有时代特色与国际魅力的照明设计。

　　智能灯光系统是对灯光进行智能控制与管理的系统，与传统照明不同的是，它可以实现灯光开启、调光、一键场景、一对一遥控及分区灯光全开全关等管理，并且兼具遥控、定时、集中、远程等多种功能，还可以用计算机来对灯光进行高档智能控制，从而达到节能、环保、舒适、快捷操作的目的。

　　此外，照明还具有很强的装饰作用，不同的光线带给人的感觉也不尽相同，不同的空间所需要的光线与色彩也会有所不同，可以在灯具与光源色表、色温的选择上做改变。

↑ 客厅的灯光色彩会影响到客厅最后所呈现出来的氛围，例如比较冷的白光所营造的会是比较清冷、干脆的都市氛围。

↑ 客厅的灯具应该别出心裁地进行设计，落地灯比较能表现出沉稳的特性，而吊灯则能表现华丽与奢华的感觉。

照明
差异

第1章　照明概述

第2章　光与电的关系

第3章　照明灯具

第4章　照明量计算

第5章　照明与设计

第6章　直接与间接照明

第7章　艺术照明

第8章　照明案例赏析

卧室照明

←日式、中式风格的卧室，建议在灯光色彩的选择上可以稍暗一些，光影可以柔和一点，色彩的选择要以营造恬静、温馨、静谧的气氛为主。

←卧室灯光最好采用中性的，能够令人放松的色调，可以搭配暖色调的辅助灯，这样整个环境内的灯光也会变得比较柔和、温暖。照明尽量以温馨暖和的黄色调为基本色调。

餐厅照明

←餐厅和客厅连在一起的区域，在灯光色彩的选择上要与客厅相协调，具体色彩可依据个人喜好而定，一般建议选择暖色调。

←餐厅照明以悬挂在餐桌上方的吊灯效果最好，这样不仅聚光效果比较好，也容易调节用餐情绪，但要注意灯罩和灯球的材质与形态要小心选择，以免造成眩光。

第1章 照明概述

第2章 光与电的关系

第3章 照明灯具

第4章 照明量计算

第5章 照明与设计

第6章 直接与间接照明

第7章 艺术照明

第8章 照明案例赏析

灯光对比

→书房的灯光强度对比反差不能太过强烈。在满足光线一定要充足的前提条件下，还要避免眩光的产生。另外光线色彩的明度也要高于其他房间。

→卫生间的灯光要以柔和的光线为主，要注意镜前灯的设置，一般的光源主要设计在顶棚上或者墙壁上。

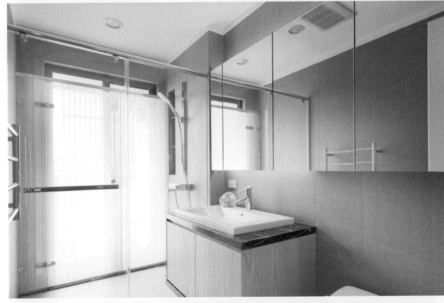

图解小贴士

在进行照明设计时，会运用到许多元素，也会通过对这些元素的分析与设计来更好地创造照明环境，其中包括光、色温、显色指数、光通量、光效、平均寿命、光强、照度、亮度、发光效率、光束角、凹形反光槽、安全照明、灯具安装高度、暗视觉、眩光、不舒适眩光、反射率、半透明媒质、不透明介质、备用照明、薄层天窗、波长、光的传输速度、饱和度、初始光通量、照明功率密度、利用系数、参考面、常规照明、测角光度计、单色辐射、明暗对比度、对称光强分布、电气效率、电磁镇流器、电容、点光源、艺术照明、光纤、等亮度曲线、泛光照明、辐射功率、节能、防尘灯具、防雨灯具、防爆灯具、光周期、光刺激、光束光通量、光束扩展、光色、光谱、光通量利用率以及亮度阈值等，这里只列举一部分。

1.2 光环境与光文化

1.光环境

　　光环境对人的精神状态和心理感受能产生积极的影响。例如，对于生产、工作和学习的场所，良好的光环境能振奋精神，提高工作效率和产品质量；对于休息、娱乐的公共场所，良好的光环境能创造舒适、优雅、活泼生动或庄重严肃的气氛。

　　正因为光或者说照明有着极其广泛的用途和意义，作为专业设计人员来说，了解光及照明相关的知识是不可或缺的。而这其中，特别是对人工照明的作用、技术、安装流程、相关电气知识以及光影艺术效果的营造，将是需要重点掌握的方面。

↑特色餐厅强调营造一种安静怡人的环境，可以采用具有特色的灯具，利用特色材料来进行灯具设计，从而凸显餐厅特点。

↑酒吧的工作区、收银台和陈列部分要求有比较高的局部照明，这样有利于营造一种比较兴奋的气氛，也能更好地帮助放松心情。

　　光环境的涵盖面很广，主要是指由光与色彩在室内外建立起的有关人们生理和心理感受的物理环境。人们依靠不同的感觉获得各种信息，其中约有80%来自视觉，良好的光环境可以振奋人的精神，提高工作效率，保障人身安全和视力健康。

　　在现代社会中，人们离不开各种室内环境，光环境能提高室内空间环境的技术性与艺术性，是衡量现代生活质量的重要标志。光环境不仅是保证人类日常活动得以正常进行的一个基本条件，光环境的优劣也是评价室内环境质量的重要指标。

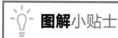
图解小贴士

　　美国得克萨斯大学健康科学中心内分泌学家拉塞尔·雷特博士说过，灯光是一种毒品。滥用灯光，就是危害健康。现代生活已经离不开各式各样的照明，但是包围我们的照明如果利用不当也会出现种种问题甚至对我们造成不利的影响。这绝不是危言耸听，现代家居照明还有一些问题需要我们注意。

第1章 照明概述

第2章 光与电的关系

第3章 照明灯具

第4章 照明量计算

第5章 照明与设计

第6章 直接与间接照明

第7章 艺术照明

第8章 照明案例赏析

光的理论

光环境属于建筑物理环境中的一个要素，也是建筑物理环境的一个主要研究方向。光环境的形成，总的来说，主要是通过光源、介质、阴影、被照物体等元素有机结合而来。这些元素是相互联系，不可分割的。光源发出光亮，然后透过介质，产生光和影的形态，或者光投射到物体上，留下影子，构成光与影的艺术。

对于光环境，可根据其来源分为天然光环境和人工光环境两大类，而这两大类中，又可分别分为室外空间的光环境和室内空间的光环境。光环境的设计要运用到很多学科的基础理论，如建筑学、物理学、美学、生理学、心理学、人工工效等，它既是科学，又是艺术，同时又受经济和能源的制约。在进行灯光环境的建设时，我们必须以公众的接受程度为设计前提，在具备浓烈的观赏性的同时也要注意节能，并避免造成光污染。

↑能否合理地应用材质与光的关系对光环境的营造有着至关重要的影响，好的光环境能够让人赏心悦目、心情愉悦。

↑有些不好的光环境，不仅是对能源的一种浪费，同时还会对观者的视觉神经造成伤害，形成视觉污染。

↑天然光环境只要将阳光直射值控制在一定范围内，也能形成一个良好的光环境，这样的光环境不仅节能、无伤害，而且也自有一番光影特色。

↑人工光环境可以自由地调节光照度，必要的时候将人工光与自然光相结合，也能营造出一个舒适、和谐的光环境。

光的环境

光环境的营造主要依靠人工照明，在环境艺术设计领域里，光环境的研究一直处于重要地位，当前，突出的是对人工照明的探索与创新。因此，如何营造宜人的光环境，一方面需要具备相关的专业技术知识及对光环境各要素的理解，另一方面，也要深刻理解光文化的内涵，两者融会贯通，缺一不可。

光环境会受到不同因素的影响，主要包括光环境照度、光环境亮度、光环境光色、光环境周围亮度、光环境视野外的亮度分布、光环境眩光以及光环境阴影等。

（1）光环境的照度和亮度

保证光环境的光量和光质量的基本条件是照度和亮度。在光环境中辨认物体的条件主要包括物体的大小，照度或亮度，亮度对比或色度对比以及时间，这四项是互相关联、相辅相成的。其中只有照度和亮度容易调节，其他三项较难调节，可以说照度和亮度是明视的基本条件。照度的均匀度对光环境有直接影响，因为它对室内空间中人们的行为、活动能产生实际效果。

（2）光环境光色

光色是指光源的颜色，例如天然光、灯光等的颜色。按照CIE 标准色表体系，将三种单色光，如红光、绿光、蓝光混合，各自进行加减，就能匹配出与任意光的颜色相同的光。此外，人工光源还有显色性，主要表现在它照射到物体时的可见度，在光环境中光还能激发人们的心理反应，如温暖、清爽、明快等，因此在光环境中应考虑光色的影响。

混光是将两种不同光色的光源进行混合，通过灯具照射到被照对象上，呈现出已经混合的光。激光是原子中的粒子受到光或电的激发时由低能级的原子跃迁为高能级的原子，由于后者的数目大于前者的数目，一旦从高能级跃迁回低能级时，便放射出相位、频率、方向完全相同的光，它的颜色的纯度极高，能量和发射方向也非常集中。激光常用于舞厅、歌厅以及节日庆典环境中。

↑良好的照度和亮度可以营造一个比较舒适的视觉光环境，不仅可以愉悦人的心情，也有利于降低照明功率。

↑在以创造光环境的气氛为主的空间，照明设计不应该只偏重于保持照度的均匀度，建议采用局部照明来突出重点部分。

第1章 照明概述

第2章 光与电的关系

第3章 照明灯具

第4章 照明量计算

第5章 照明与设计

第6章 直接与间接照明

第7章 艺术照明

第8章 照明案例赏析

（3）光环境周围亮度

人们观看物体时，眼睛注视的范围与物体的周围亮度有关系。根据实验，容易看到注视点的最佳环境是周围亮度大约等于注视点亮度。美国照明学会提出周围的平均亮度为视觉对象的1/3 ~ 3。就一般经验而论，周围环境较暗，容易看清楚物体，但是周围环境过亮，便不容易看清楚。因此在光环境中周围亮度比视觉对象暗些为宜。

←在光环境周围亮度较低的情况下，所要凸显的物体亮度足够，则能更容易吸引人，同时也能更方便看清所要凸显的物体。

←在光环境周围亮度比较高的情况下，很有可能所要凸显的物体与光影给人造成视觉感官上的错觉，从而不能很快速地发现所要凸显的物体。

（4）光环境视野外的亮度分布

视野以外的亮度分布是指室内顶棚、墙面、地面、家具等表面的亮度分布。在光环境中它们的亮度各不相同，因而构成亮度对比，这种对比当然会受到各个表面亮度的制约。

光的分布

（5）光环境眩光

在视野中由于亮度的分布或范围不当，或在时空方面存在着亮度的悬殊对比，以致引起不舒适感觉或降低观看细部或目标的能力，这样的视觉现象称为眩光。它在光环境中是有害因素，故应设法控制或避免。

（6）光环境阴影

在光环境中无论光源是天然光或人工光，当光存在时，就会存在阴影。在空间中由于阴影的存在，才能突出物体的外形和深度，因而有利于光环境中光的变化，丰富了物体的视觉效果。在光环境中希望存在较为柔和的阴影。

图解小贴士

我们所说的高亮光一般是指聚光灯等使被照明对象反射，比周围更加突出明亮，视觉效果更佳的一种照明方式。高亮光运用于用大理石和花岗石磨成的光滑墙壁，必须用具有一定发光角度的光墙才能得到没有眩光且平滑沉稳的虹彩反射光，只有墙壁表面比较光洁，所能得到的照射才会比较明亮且均匀。但是在相同的墙壁上，如果用离开墙壁一定距离的照明灯具对墙壁强行照射，灯具则会映入墙壁，得到的会是冰冷生硬的耀眼反射光，这一点在使用高亮光时要注意。

2.光文化

　　光文化其实是将光与影，包括照明的工具和光影之间的关系，以人文的、诗意的方式进行解读和升华，同时也是将人们对于光的物理性能进行人性化的诠释。而光与影，在我们的生活中随处可见，它们不仅仅影响着我们的日常物质生活，而且还渗透到了我们的精神世界中，光与影的存在与人类的文化发展有着深厚的渊源。

↑光意味着明亮和温暖，呈现在我们眼前的暖色调光源，能让我们深切地感受到来自家庭所带给我们的温馨感。

↑光还能营造一种情感色彩，它不仅代表着使用者的生活品质与追求，有时也代表着一个人的生活态度是积极还是消极。

（1）光文化在社会实践中创造

　　光文化就是照明的文化，是人类为了改善生存环境，延伸生存空间所采取的社会改造活动。在社会实践中，主体是人，客体是自然，而文化是人与自然、主体与客体在实践中的对立统一物。

照明文化

←照明的出现，不仅影响了人们固有的生活习惯，也改变了人们的生活方式，同时也能为人类自身社会活动所服务。

←光文化是一种潜移默化的文化，在我们使用照明时，我们需要进行一系列的社会实践活动，并以此来确保我们的设计不会造成光污染。

第1章 照明概述

第2章 光与电的关系

第3章 照明灯具

第4章 照明量计算

第5章 照明与设计

第6章 直接与间接照明

第7章 艺术照明

第8章 照明案例赏析

文化特质

（2）光文化受社会与民族影响

人类学家告诉我们，人种、血缘、肤色和地理位置都不足以区分生活在这个地球上的人们，从根本上区分一个国家或民族的是心。在一个民族和地区的发展过程中，必然会沉积下该民族或该地区人们所共同拥有的价值品质，这就形成了文化。

在照明研究中，我们会认为东方人喜欢高色温、冷色调光环境，而西方人则更适应于低色温、暖色调光环境。其实在视觉结构上，东西方人并不存在巨大差异，而产生这种差异的原因是巨大的文化差异。当然，随着不同文化的交流和沟通，这种对光环境喜好的差异也会逐渐得到缓解，但对照明设计和研究工作者来说，尊重这种文化差异将对做好设计和研究工作起到巨大帮助。

（3）光文化具有历史连续性与继承性

随着人类社会的发展，人们从简单的光明向往、圣火崇拜，发展到对照明情趣和品位的需求；从简单的火把到具有装饰作用的灯笼，再到如今灯饰城里林林总总的灯具产品，这个演变发展过程的本身就是文化的体现，同时也给照明设计者一个启示，只有了解设计或研究对象历史才能更好地完成实际工作。

光，对于人类来说，意味着明亮和温暖；同时，还充满着温馨与热烈的情感色彩。在一些古诗词中，都可窥见一斑："疏影横斜水清浅，暗香浮动月黄昏。"这些美好的诗句，表现出了一幅幅光影组成的动人画卷，并深深地打动人们的心灵。

当然，光文化的内涵还有很多，而不同人的过往经历也会对光影产生不同的理解。这就要求设计师在营造光环境时，要特别注意光文化的结合与运用。除此以外，要营造理想的光环境，表达出和谐的光文化，设计师除了需要能够对灯具和光源进行准确把握和纯熟运用外，还需具备较深厚的文化素养。

↑在表现建筑物内部的个性特征时，通过独具匠心的设计，可以使光线不仅从形式美上彰显出结构与材料质感之美，还可从人文精神的层面展现出更深层次的美感。

↑在进行照明设计时，设计师要能了解人们对于光的审美心理，"寄情于物"，这样才能进行合理科学又不失艺术表现力的照明设计，满足人们的视觉生理和审美心理的综合需求。

1.3 照明的目的

　　灯光效果在室内装饰中起着不可替代的作用，它并不仅仅起着照明作用，还起着增加和调节色彩的功能，其意义在于美化装饰效果，起到锦上添花的作用。照明设计分为数量化设计和质量化设计。数量化设计是基础，就是根据场所的功能和活动要求确定照明等级和照明标准，尤其是照度、眩光限制级别、色温和显色性等技术指标来进行数据化处理计算，在此基础上要考虑人的视觉和使用的人群、用途以及建筑的风格，尽可能多地收集周边环境等多种因素，做出合理的决定。

　　照明设计的目的是根据不同的室内外环境所需要的照度，正确选择光源和灯具，确定合理的照明形式和布置方案，创造一个合理的高质量的光环境，来满足工作、学习和生活的要求。功能照明与景观照明的关系是以人为本，功能优先，人的物质需要和精神追求同等重要。

↑一个好的照明能够更贴合主题，表现一个空间的时代魅力，例如餐厅内拥有的照明，能够很形象地展现出食物魅力，也能表现出餐厅内令人舒适的氛围。

↑卧室内良好的照明能够帮助人们更快入睡，也能更大程度地放松人们的心情，缓解人们的压力，给人们带来温暖。

照明
目的

1.照明的功能性目的

　　照明的功能性目的一般依据空间的功能性来设置，主要需要满足居住空间的生活照明；公共空间内部的功能照明；信号指示照明；紧急疏散照明；影视制作环境照明；舞台表演照明以及外部空间环境照明。

　　在室内外空间环境中，照明需要满足人们的工作、学习、操作、交流、避害等各种需求，在进行照明设计时，应该以符合功能要求作为第一要务。

 图解小贴士

　　在不同的场合需要有符合该场合的举止和服装仪容，由于人对于特定空间有一定的刻板印象，因此，灯光也可以用来表达空间的用途。例如：人们对便利店和卖场空间的灯光要求和期待会与在舞厅和餐厅有所不同。

↑居住空间内的照明要分区域而定，例如在客厅人流量比较多，需要的照明亮度较高，而书房作为阅读和学习的区域，照明分为一般照明和重点照明。

↑公共空间内部的照明同样也要分区域而定，例如在走廊行走的密度比较大，需要照明亮度较高，但同时也要避免单一的照明方式带来眩光，引起视觉不适。

↑外部空间环境照明除了要能将建筑物展现在公众面前外，还需要兼具有夜景照明的作用，同时也需要兼备装饰性，能够给公众带来视觉享受。

↑舞台表演照明最重要的就是起到烘托气氛的作用，同时还需兼备安全照明，在进行照明设计时还要注意避免光线过于耀眼而导致眩光的产生。

在进行照明设计时为了达到相应的功能性目的，首先需要明确区域内所需要设计的主题是什么，这些照明设计所要服务的人群是哪些，还有调查对于灯光的接受程度又是如何，从而来确定照明设计所要达到的色温、色表、照度以及亮度等。

图解小贴士

所有电器在高湿气场所都有可能产生漏电的危险，而且灯具容易因空气中的湿度导致绝缘不良、反射板生锈等问题，所以必须使用防水型与IP防护系数高的灯具，避免直接安装开放式灯具。IP防护等级系统是将电器依其防尘、防湿气的特性加以分级。防护等级是由两个数字组成的，第一个数字表示灯具防尘、防止外物侵入的等级，第二个数字表示电器防湿气、防水侵入的密闭程度，数字越大表示其防护等级越高。

第1章 照明概述
第2章 光与电的关系
第3章 照明灯具
第4章 照明量计算
第5章 照明与设计
第6章 直接与间接照明
第7章 艺术照明
第8章 照明案例赏析

2.照明的装饰性目的

从审美或者装饰化的角度来看，照明的另一个目的性就是装饰空间，营造氛围，引导大众的审美情趣，满足居民美化生活的要求，进而创造具有美感的光文化氛围。装饰化的照明设计是空间视觉艺术的重要元素之一，实体形式的构筑如果没有照明的辅助，会显得了无生机。满足照明装饰性可通过灯具、材质、光影关系等方面的创意来创造不同环境气氛，引领视觉享受的新境界。

（1）灯具装饰

灯具作为照明的一个重要载体，其形制和色彩本身就具有很强的装饰性，在室内设计中常常可以起到画龙点睛的作用。

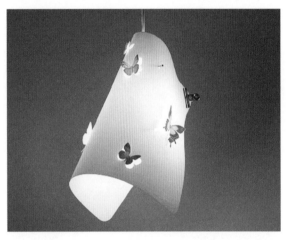

↑充满艺术性的灯具在照明中本身就起到了很好的装饰作用。

↑此处选用了发光二极管为灯具的光源，柔和的光线在黑夜更具魅力，很好地装饰了空间。

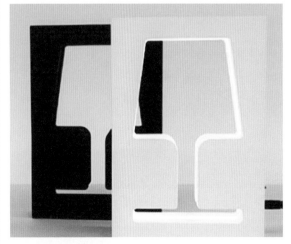

↑此处灯具以台灯为设计原型，将立体化的台灯平面化，节约了空间，使得整个灯具的光线比较柔和。

↑由立体几何拼接而成的灯具具有十足的设计美感，为空间增添了不少艺术美感。

（2）材质装饰

照明的装饰性目的还体现在对于材质的装饰上，不仅家居空间内各种陈设、家具等的材质需要通过照明来体现，各类商店、展览馆内等同样也需要照明来显示商品材质以及展览品的特色和魅力，而且颜色光还可以起到一定的修饰作用。

↑此处选用了立灯作为沙发处的照明，一方面带有灯罩的灯具，光线比较柔和，不会产生大量的光污染；另一方面可以清楚地表现棉麻沙发的材质，适宜的灯光也能衬托出沙发的素净之美。

↑此处客厅上方的灯带一方面清楚地展现了沙发和墙面壁纸的材质，另一方面，米白色的灯光也为颜色深沉的壁纸减轻了沉重感，增强了整体区域的装饰感。

↑对于博物馆内的石雕展品而言，照明一方面要可以清楚地展现石雕人物的面部表情，彰显石雕展品的特色和制作材质；另一方面照明也需要注意光辐射，避免过度的照射对展品产生影响。

↑此珠宝店照明依据所要展出的商品不同，照明方式也不同，例如黄金饰品可以采用暖白光进行照明；而银制品或宝石类的产品则采用5500K的冷白光进行照明，以此来展现商品材质的特色。

💡 图解小贴士

玻璃器皿、宝石、贵金属等陈列柜台，应采用高亮度光源；对于肉类、海鲜、水果等柜台，则宜采用红色光谱较多的白炽灯；对于立体商品（如服装模特等），灯具的位置应使光线方向和照度分布有利于加强产品的立体感。同时照明光线和色调的选择一定要能展现商品的材质特色，并增强其光亮感，以此达到令人眼前一亮，赏心悦目的效果。

第1章 照明概述

第2章 光与电的关系

第3章 照明灯具

第4章 照明量计算

第5章 照明与设计

第6章 直接与间接照明

第7章 艺术照明

第8章 照明案例赏析

（3）光影关系

光影关系也是照明的重要装饰作用之一，独具匠心的照明设计，可以体现出光与影的神奇与美妙。光的投影千变万化，一种是不同的灯具造型创造出的不同的光影，一种是不同的照明方式以及照度值、明暗度的对比变化而创造的不同光影效果，这些变幻莫测的光影关系给我们的照明设计增添了不少乐趣，同时也增添了不少艺术美感。

光影
效果

↑照明灯具由木质材料制作而成，灯具造型极富特色，错综复杂的结构制造出一种光影效果，木质结构上的LED灯向外扩散，营造出比较平衡的灯光效果。

↑此处灯具由一个开放式的矩形铁质框和LED球泡灯组成，灯具本身与周边比较暗的环境形成新的光影关系，营造出一个更独特的光影效果。

↑五彩的灯光具有非常强的装饰性，和周边灰暗的环境相对比，营造出五光十色的光影效果，引人驻足，让人沉醉其中。

↑此处建筑采用了更高效节能的LED灯，上照的灯光将建筑缩影投射在城墙上，明暗对比度也比较适合，光影关系处理得很好。

图解小贴士

照明当中的光影关系除了在现实生活中有广泛的运用外，在虚拟游戏中也会运用到。在游戏场景中利用照明来创造不同的光影效果，可以渲染游戏的气氛，同时能使游戏场景显得更恢宏壮阔，也能吸引更多的玩家。

1.4　来自大自然的光

第1章 照明概述

第2章 光与电的关系

第3章 照明灯具

第4章 照明量计算

第5章 照明与设计

第6章 直接与间接照明

第7章 艺术照明

第8章 照明案例赏析

　　诺曼·福斯特曾经说过："自然光总是在不停地变化着，它可以使建筑富有特征，在空间和光影的相互作用下，我们可以创造出戏剧性的效果。"作为光环境设计中最具有表现力的因素之一，自然光日益受到重视。

　　自然采光应该是最主流的办公建筑照明形式，现在办公建筑照明所消耗的电力占总电力消耗的30%左右。因此通过建筑设计充分发掘建筑利用自然光照明的可能性是节能的有效途径之一。此外，人们利用自然光照明的另一个重要原因是自然光更适合人的生物本性，对心理和生理的健康尤为重要。

自然光效

↑运用自然采光来照明，玻璃窗是一个很好的采光工具，通过玻璃窗的不同窗口，将自然光线以不同的角度传递到室内，为室内增添光彩。

↑此处的木质顶棚造型一方面可以将自然光引入到走廊内，使走廊显得不那么灰暗，也能控制自然光的直射程度，营造一个比较舒适的室内环境。

　　自然采光也是指天然采光，又称为昼光，它总是处于不断变化之中。人类在进化的过程中，绝大多数在自然光的环境下生活，人类对自然光具有与生俱来的亲近感。通常将室内对自然光的利用，称为"采光"。自然采光，可以节约能源，并且在视觉上更为习惯和舒适，心理上更能与自然接近、协调。

　　可以通过采光通道来将自然光运用到我们的生活中来，其中最常见、运用最广泛的采光通道就是窗户，甚至可以将所有的采光通道都称之为窗，只是大小、形状各异。因此对于自然采光设计来讲，核心就是采光通道的设计，它关系到自然采光与人工照明的能耗及综合运用等重要内容。

自然采光

　**图解**小贴士

　　采光是指运用采光通道使建筑物内部得到适宜的光线。采光分为直接采光和间接采光，直接采光是指采光窗户直接向外开设；间接采光是指采光窗户朝向封闭式走廊、直接采光的厅、厨房等开设，有的厨房、厅、卫生间利用小天井采光，采光效果和间接采光类似。

采光通道

下面主要介绍采光通道的常见类型，在照明设计中，可以通过运用这些采光通道来创造一个更节能、更有气氛的照明环境。

1.垂直窗

垂直窗是最为常见的采光通道，即安装在墙壁上的窗户，并且高度大于宽度。这种窗一般都会配有玻璃或其他透明材质，既保证光线进入又防风挡雨。

↑由多扇垂直窗组成的落地窗，一般出现在楼层比较高的区域，朝向太阳一边，采光效果比较好，所能进入的自然光线也比较多。

↑书房内的采光最重要的是能为日常生活中的阅读与书写提供基本照明，此处书房比较狭长，但采光通道比较宽阔，可以提供足够的光线。

↑对于田园风格而言，拱形的垂直窗具有非常强的装饰作用，自然光线进入后也能投射出与普通垂直窗不一样的光影效果。

↑客厅内的垂直窗宽度是足够的，在利用垂直窗进行自然采光时要注意控制太阳光线的直射，以免日照太久，对客厅内的电器造成影响。

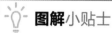
图解小贴士

垂直窗能够使人从室内观看到犹如条屏挂幅式构图的景观，同时不同材质、不同色彩的窗户也会给居住环境带来许多意想不到的效果，例如茶色玻璃所反射的自然光线能营造一种比较神秘的气氛，同时与人工照明相结合，还能创造不一样的视觉效果。

2.水平窗

　　水平窗是18世纪后期英国车间为引进自然光而发展起来的，早期建筑的承重结构不允许这样做，框架结构给予窗户设计很大灵活性，现在它们常用在多层建筑。

　　水平窗能够使人感到舒展和开阔，在进行照明设计时可以充分利用这一点。同时在卫生间内还可以通过巧用镜子，利用镜子的反光作用来有效地增加卫生间内的光亮度。这种方法还可以适用于进深比较大的客厅以及活动室等。此外，还可以使用间接采光的方式来提高整体空间内的亮度，就是在光线较暗的房间通过隔断、开窗、折射等方法向光线明亮的房间进行"借光"。

↑卧室是休息的区域，照明要能营造一种温馨、静谧的氛围，对于可以用来自然采光的水平窗，一般都会在水平窗上安装窗帘，以此来减弱自然光线。

↑不能开合的水平窗所能通过的自然光线有限，如果窗户不是处于朝向太阳的那一边，卧室内可以增加照明亮度来为梳妆和睡前阅读提供照明。

↑家居卫生间内的水平窗一般面积都比较小，由于卫生间潮气比较重，又属于明水比较多的区域，除了水平窗带来的基本采光，还要增添更多的照明灯具，为卫生间的活动提供更明亮的照明。

↑这种异形的水平窗一般都会出现在办公空间的区域，这种斜向形的水平窗会将自然光线向上照射，与室内灯光的环境刚好形成搭配，会形成别样的光影效果。

第1章 照明概述

第2章 光与电的关系

第3章 照明灯具

第4章 照明量计算

第5章 照明与设计

第6章 直接与间接照明

第7章 艺术照明

第8章 照明案例赏析

3.窗墙

窗墙是水平窗的自然延伸，由窗户占据建筑的周边，使墙体变成窗，即使是建筑的转角也能用水平窗包围。

↑这里的窗墙并没有完全替代墙体，但转角处的一部分墙体仍然被窗户代替，这种窗墙为书房内白天的书写与阅读提供了大量的自然光线。

↑此处卫生间的窗墙基本代替了墙体，给卫生间带来了广阔的视野和足够的采光，但同时要注意窗帘的安装，要注意私密性。

↑此处办公区域窗墙完全替代了墙体，给办公带来了相当多的自然光线，为枯燥的工作生活提供了一丝阳光，自然光线与下坠灯具形成的光影也给都市生活带来了不少乐趣。

↑此处办公区域大面积采用了窗墙，通透性非常好，但同时也要注意灯光与玻璃窗户形成的光影关系，特别是要注意避免眩光的产生，要给在这里上班的人员一种舒适感。

图解小贴士

　　窗是支座在主体结构之内的间断的外围护系统。窗墙是由窗组成，与窗同属于一类外围护系统，而幕墙是悬挂在主体结构之外的连续的外围护系统。带窗的建筑外围护系统，其实是一种复合结构、组合的构造形式，在非采光部分，例如竖向的窗间墙、横向的窗台等部分以及窗框、窗扇的金属材料；在采光部分则为玻璃，而在非采光部分的结构受力、隔热、保温、防水、隔声、防火、节能等方面，一般都比玻璃幕墙要好且造价低廉。

4.天窗

天窗在广义上的解释是屋顶上用于通风和透光的窗户，现在一般用于一些大跨度的建筑，或者那些认为不适宜做周边窗户的建筑，例如美术馆、博物馆、大型办公空间等，在某些顶部造型比较特殊的家居空间中也会使用到。使用天窗来作为采光通道是提供垂直方向光线的一种比较好的解决方法。

天窗可以分为锯齿形天窗、平天窗、横向天窗、矩形天窗、下沉式天窗以及避风天窗等，其中锯齿形天窗为单侧采光天窗，由于有倾斜的顶棚反光，因而采光效率比矩形天窗高15%～20%；平天窗是用平板玻璃做成平面形式或用合成材料做成壳体形式的天窗；横向天窗的采光效率同矩形天窗近似，但施工较复杂；矩形天窗具有高侧窗特点，采光系数平均值可达5%。

天窗设计

第1章 照明概述
第2章 光与电的关系
第3章 照明灯具
第4章 照明量计算
第5章 照明与设计
第6章 直接与间接照明
第7章 艺术照明
第8章 照明案例赏析

↑主题酒店内的卫生间为了更大效率地利用空间，同时还要兼具照明的功能性要求，一般可以在顶棚采用天窗，在白天能为卫生间提供照明，比较节能。

↑此处办公区域内的天窗虽然面积比较小，但造型与整体空间相呼应，同时窗墙也能为办公区域内的办公和行走提供更多的自然光线。

↑此处办公区域外的楼梯通道上方设计有天窗，可将楼梯囊括在办公区域内，也能有效地遮挡风雨。

↑对于空间比较高的办公区域，天窗在一定程度上能够减弱垂直光线，也会显得整体空间比较开阔。

1.5 人工照明

　　人工照明又称为照明，是主要的室内照明，也是夜间的主要光源。人工照明是创造夜间建筑物内外不同场所的光照环境，补充因时间、气候、地点不同造成的采光不足，以满足工作、学习和生活的需求，而采取的人为措施。

　　人工照明通常是指自然采光以外的照明方式，即运用人造的发光物进行照明。人工照明除必须满足功能上的要求外，有些以艺术环境观感为主的场合，如大型门厅、休息室等，应强调艺术效果。因此，在不同场所的照明，如工业建筑照明、公共建筑照明、室外照明、道路照明、建筑夜景照明等，要考虑功能与艺术效果，而且在灯具、照明方式上也要考虑功能与艺术的统一。

↑人工照明运用在我们生活的方方面面，此处办公区域大厅的照明在其顶部设置了节能灯带，简单而又具有设计美感。

↑人工照明在运用过程中要更多地注意不要造成光污染，此处卫生间在镜子上方安装有灯带，为卸妆以及梳洗提供了基本照明。

　　最初人类依靠钻木取火取暖，由火燃烧产生的热量而发光。大约在15000年前人类发明了用动物油脂为原料的原始油灯，随后出现了灯芯草灯（将灯芯草插入溶化的油脂中点燃而发光），它是蜡烛的雏形。之后随着工艺的进步，人们发明了蜡烛。在无电时代，蜡烛和燃气体的灯给人们的夜间生活带来了光明，直到19世纪末期爱迪生发明了钨丝电灯，人工照明方式才有了革命性的进步，电灯开始大量使用。

照明发展

　　人工照明环境具有功能和装饰两方面的作用，从功能上看，建筑物内部的自然采光要受到时间和场合的限制，所以需要通过人工照明补充，在室内造成一个人为的光亮环境，满足人们视觉工作的需要；从装饰角度讲，除了满足照明功能之外，还要满足美观和艺术上的要求，这两方面是相辅相成的。根据建筑功能不同，两者的比重各不相同，如工厂、学校等工作场所需从功能来考虑，而在休息、娱乐场所则强调艺术效果。

1.整体照明

整体照明是指匀称地镶嵌于顶棚上的固定照明，这种照明形式可以使光全部直接作用于工作面上，光的工作效率非常高。

整体照明在设计时要控制好灯具之间的位置，同时由于整体照明的照射光线是直接作用于工作面上，在使用这种照明方式时要注意控制眩光。整体照明运用范围比较广泛，例如商场内部照明、家居生活中的照明以及办公空间的照明等。在不同的空间内使用整体照明时要注意根据空间内的功能需求来调节照明亮度。

第1章 照明概述

第2章 光与电的关系

第3章 照明灯具

第4章 照明量计算

第5章 照明与设计

第6章 直接与间接照明

第7章 艺术照明

第8章 照明案例赏析

↑服装店内一般陈列区用到整体照明的频率比较高，为了展现服装的板型和特点，照明亮度可以适当地有所提高。

↑LED灯管是很好的整体照明灯具，一方面LED灯比较节能，另一方面LED灯拥有足够的照明亮度，可以有效地将空间内的物品展现在公众面前。

↑吊灯也是很好的整体照明灯具，同时也具有很好的装饰功能。此处空间内的圆形吊灯，米白色的灯罩很好地将光线汇聚在一起，既能照亮整个区域，也能在一定程度上减少眩光的产生。

↑办公室内的整体照明一般都以白色光源为主，在设置照明亮度的时候要考虑到办公的区域内可能会有一些视听的设施，要注意避免使画面产生重影。

2.局部照明

局部照明也被称为补充照明。一般在工作需要的地方才会设置光源，主要是为了满足某些空间区域或部位的特殊需要而设置的照明方式，具有明确的目的性，并且还可以提供开关和灯光减弱装备，使照明能适应不同变化的需要。

↑局部照明可以选择射灯来作为照明灯具，此处餐厅选用了轨道射灯来对壁画做补充照明，既能清楚地展现壁面的内容，也不会对餐桌处的照明产生影响。

↑壁灯可以通过墙壁的反射光使光线变得柔和，此处卧室在床头两边设置了两个壁灯，为睡前的其他活动提供了补充照明，光线也不会太过耀眼。

↑补充照明可以很好地表现出产品的特色，也能很好地营造出环境氛围。此处餐厅采用了射灯对墙上的艺术涂鸦做补充照明，很好地营造出一种静谧的氛围。

↑局部照明也能用在楼梯间的照明处。此处楼梯间采用了侧照的方式，很好地将台阶之间的高度值展现出来，暖黄色的灯光也不会对人眼造成伤害。

图解小贴士

一般照明比局部照明的照射面积要大，而混合照明则是由一般照明与局部照明组合成的照明。混合照明技术比传统电热照明系统更加节能，可以为照明设计增加更多的机动性，并且还可以运用于在建筑物内部。现在的混合照明更多地运用新兴科技，在设计中将自然光和电热光结合起来，营造一种更舒适、更环保的照明环境。

3.装饰照明

装饰照明也被称为气氛照明，主要是通过一些色彩和动感上的变化以及智能照明控制系统等，在有了基础照明的情况下，加以一些照明来装饰，令环境增添气氛。装饰照明能产生很多种效果和气氛，给人带来视觉上的享受。

装饰照明

第1章 照明概述
第2章 光与电的关系
第3章 照明灯具
第4章 照明量计算
第5章 照明与设计
第6章 直接与间接照明
第7章 艺术照明
第8章 照明案例赏析

↑餐厅和宴会厅更多地会使用暖色，照度也会比较高，建议多采用有较丰富红黄色成分的光照和较好显色性能的灯具，这样会使食物色泽鲜美。

↑装饰照明可以有效地增强商业空间内部设计中的变化和层次感，也能营造一种特殊的氛围，能使商业空间环境更具艺术氛围。

↑音乐酒吧的照明一般需要比较强烈的灯光对比，多种鲜艳的色彩与旋转闪烁的灯光能形成特殊的照明效果。

↑餐厅需要轻松、宁静的气氛，可以使用低照度配上调光的开关照明，还可以在每张台面上点几支蜡烛。

💡 图解小贴士

酒店装饰照明在设计中要考虑到照明设计的节能性、协调性、目的性以及技术性。节能性体现在可以充分结合自然光和人工照明来进行照明设计；协调性体现在设计要根据功能需求而定；目的性表现在要对酒店内的装饰品进行重点照明；技术性则表现在要更多地采用新的照明技术，按照标准来进行照明设计。

人工照明和自然采光的关系与光和影、明和暗以及白光和彩光的关系有关，要正确地将人工照明与自然采光结合起来，首先就必须清楚地了解这几种元素之间的联系。不论自然采光或者人工照明，首先都是要满足人们的使用需求。通过构造较高的层高和较大的窗户，使自然光线能照到大进深房间，提高用光效率。如果窗口尺寸无法完全满足采光需求，就必须加大人工照明的使用力度，营造合宜的光环境，相比自然采光，人工照明更加突出装饰变化效果。

（1）光和影、明和暗

　　光与影互相依存、彼此映衬。营造光环境从某一程度上讲就是对光的强弱、明暗层次、光影分布、光色氛围的适度把握和创新构建。因此，在考量自然照明与人工照明的相互关系时，也要注意到自然光影与人工光影之间的协调，并非越亮越好，或者全部是均匀泛光照明就理想。根据局部环境的需求，进行针对性设计，使环境中的自然照明与人工照明表达出同一意境，完成光影的合理营造。

←人工照明比较重视装饰性，在进行照明设计时可以选择不同的艺术灯具来为空间营造不一样的环境氛围。

←人工照明还能表现不同的光影效果，灯具的不同造型与不同的安装高度对最后呈现的光影效果也会有影响。

光影对比

（2）白光和彩光

自然照明一般是运用阳光或者天空光，以均匀的白色为主，用光的表观颜色营造氛围，有明显的心理诱导作用。彩光对被照物有染色效果，会使人和物的真实色彩发生重大变异，不宜大面积采用。为了避免与交通信号颜色混淆，频繁闪跳的彩光应当禁用。

←此处卧室的采光面积比较大，在白天自然采光就已经为室内的活动提供了足够的亮度，夜晚的照明选用亮度适中的白光灯即可，同时与室外的星光相配，也会有不一样的效果。

←此处拱形通道内两边墙壁上画满了五彩缤纷的涂鸦，灯光不宜太过耀眼，那样不仅不能体现涂鸦的魅力，可能还会产生光污染。

自然照明

> 💡 **图解**小贴士
>
> 照明应该结合自然照明和人工照明，不能全部依靠灯具照明。阳光可以杀死室内空气中的有害微生物，专家们认为，室内每天有两小时日照是维护人体健康和发育的最低需要，可见自然照明也是不可或缺的，家庭照明不应把阳光挡在室外。
>
> 此外家居灯光规划必须先考虑自然光源的日夜变化，再进行人工光源的设计，并依据空间属性安排适当的重点照明与辅助照明，这样才能呈现出完整的照明设计，在设计时应该做不同的回路规划，让灯光以一列列的方式逐排开启。

第1章 照明概述
第2章 光与电的关系
第3章 照明灯具
第4章 照明量计算
第5章 照明与设计
第6章 直接与间接照明
第7章 艺术照明
第8章 照明案例赏析

↑阳台一般采光面积都比较大，此处的小阳台由于面积比较小，一般用作观赏平台使用，壁灯和艺术小吊灯已经为夜间的基本照明提供了足够的亮度。

↑卧室内一般灯光亮度不需要太高，基本的内嵌式筒灯也可以为其提供足够的照明，另外衣柜内可以适量地增加重点照明，为挑选衣物提供充足的亮度。

↑博物馆内也会运用到人工照明，一般展柜内的照明灯具都会隐藏起来，一方面是为了保持展品的完美，另一方面也能使观赏者的目光都集中在展品上。

↑单独展出的展品，为了减弱周围空间对展柜产生的压迫感，适量的明暗对比可以很好地增强展品的层次感，也更能突出展品。

　　一般来说，没有窗户或离窗比较远的空间，往往较为阴暗，因此可以将灯光配置成与入射光线垂直的设计。在进行照明设计时首先要注意平均照度，对于空间内的整体平均照度，需要将其控制在500lx以下，一般建议在350lx以下；其次是要注意色温的选择，要根据不同空间环境来选择不一样的色表，例如，适合疗愈及舒压的区域，建议色表颜色有淡绿、淡蓝及淡紫色系；另外色温的选择在不同空间也不一样，要根据空间内的使用人群来进行最终色温的选择。

　　当然，在进行照明设计时光线的明暗对比也是必不可少的，整体对比度不可过高，最亮处与最暗处照度落差要小于3.1；在选用不同的照明方式时要注意节能，在采用间接照明与直接照明作为照明方式时，光源要柔和，避免过多直射性的光源，例如，投射灯最好借灯光反射效果，视觉不要直视灯具。

第2章
光与电的关系

识读难度：★★★★☆

核心概念：电压、电流、电功率、电流、电线

章节导读：

　　一般而言，室内照明供电系统设计主要包括三方面：分路、照明配电箱设计以及导线选择。为了能更加自信、自如地表达设计理念，同时又能保障照明设计的实用性和安全性，设计师也需要掌握一些基本电气设计技术，关于强弱电、回路设置、断路器控制以及电线粗细和相应荷载等方面的知识要有一定的了解，达到可以独立改造小范围电气电路的基本技术水平，这样既增加了工作效率，也能一定程度上降低工程成本，对于后期各种空间的照明设计也会有很大的帮助。

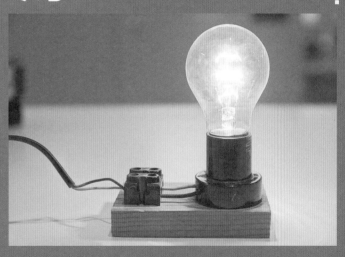

2.1 照明电压

在日常生活中，常见电源有电压为220V和电压为380V这两类，其中220V电源是低压供电电源的一种，又称单相供电；另一种是380V供电电源，也称三相供电。

一般情况下，供电电源在室外都是三相，共计五根电源线，即L1、L2、L3、N和PE。其中L1、L2、L3为火线，N为零线，PE为接地线，这就是三相五线制。这五根线以不同的组合方式进入室内变成了单相或三相供电电源。普通住宅的供电电源基本都是220V单相供电电源。对于一些比较大的居住空间，如复式住宅和别墅，或者耗电较大的小型商用空间有时会提供380V三相供电电源。

电源
电压

常用照明功率、电压		
照明功率/W	电压为12V	电压为220V
	电流/A	电流/A
100	<5	
100~200	5.4~11	0.45~0.9
300~400	16~22	1.36~1.4
500~600	27~33	3~3.6
700~800	38~44	4~4.85
900~1000	50~55	5.4~6
2000		12
3000		18
4000		24

 图解小贴士

日本采用的是美国等国的标准，电压为110V，其他国家的电压则是100~240V，大部分地区用的电压还是220V。

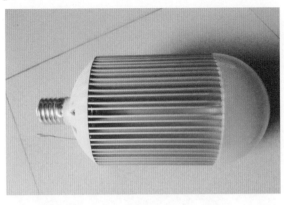

↑ LED球泡灯，电压在85～265V之间，功率为80W，适用于工厂、车间、超市、商业以及家居空间内的照明。

↑ LED防爆照明灯，功率为80W，额定电压为220V，色温在2800～6500K之间，光通量在90～150lm/W之间。

↑ 螺口LED玉米灯，电压为36V，色表为正白光，照明效率高，比较经济。一般在室内空间使用，使用环境温度差异比较大。

↑ LED横插玉米灯为3W，电压在85～265V之间，色表为暖白时，色温在2900～3200K之间；色表为正白时，色温在6000～6500K之间，显色指数为75。

一般照明灯具电源末端的电压值与额定电压值都会有所偏移，在进行照明设计时要注意到这点，一般在室内或者室外的工作场所的电压偏移值在额定电压值的-5%～5%之间；远离电源的小面积工作场所，电压偏移值在额定电压值的-10%～5%之间；而道路照明、警卫照明以及额定电压在12～36V的照明，电压偏移值在额定电压值的-10%～5%之间。

注意除一般场所宜选用额定电压为220V的照明器外，一些特殊场所的照明电压会有所不同。移动式和手提式灯具，在干燥场所其电压要不大于50V，在潮湿场所其电压要不大于25V；用于隧道、人防工程以及有高温、导电灰尘或者灯具离地面高度低于2.4m等的场所的照明器，电源电压要不大于36V；用于潮湿和易触及带电体场所的照明器，电源电压要不大于24V；用于非常潮湿的场所以及导线良好的地面等工作的照明器，电源电压不得超过12V。

额定电压

第1章 照明概述
第2章 光与电的关系
第3章 照明灯具
第4章 照明量计算
第5章 照明与设计
第6章 直接与间接照明
第7章 艺术照明
第8章 照明案例赏析

变压照明

对于比较大型的照明器，可能还会采用照明变压器，照明电压也会随着场景的不同而发生变化，使用照明变压器的时候要注意照明变压器必须使用双绕组型，严禁使用自耦变压器。携带式变压器的一次侧电源引线应该采用橡胶护套电缆和塑料套软线，其中绿、黄双色线做保护零线用，中间不得有接头，长度不宜超过3m，电源插销应选用有接地触头的插销，防止触电事故的发生。

↑长度比较长或者特长的隧道成洞地段应该用6～10kV的高压电缆送电，在洞内设置6～10／0.4kV的变电站供电时，应有保证安全的措施，入口处照明器的电压应该控制在110～240V之间。

↑隧道洞内的照明器和动力线路安装在同一侧时，必须分层架设，电线悬挂高度距人行地面的距离，在110V以下时不应小于2m，在400V时应不大于2.5m，在6～10kV时不应小于3.5m。

↑冰箱灯一般用于冰箱和展柜内的照明，属于特殊照明，电压为24V，功率为3～15W，色表为正白光，能承受的温度跨度比较大。

↑矿用防爆安全灯一般用于煤矿井下等的防爆照明，电压在85～220V之间，壳体上配有挂钩，方便使用者悬挂。

 图解小贴士

隧道洞外的变电站建议设置在洞口附近，并且最好设置在靠近负荷集中地点和电源来线一侧；变电站电源来线如果需要跨越施工地区的，电线的最低点距离人行道和运输线最小高度要控制在35kV为7.5m，6～10kV为6.5m，400V为6m。

第1章 照明概述

第2章 光与电的关系

第3章 照明灯具

第4章 照明量计算

第5章 照明与设计

第6章 直接与间接照明

第7章 艺术照明

第8章 照明案例赏析

照明安全

　　一般用于室内的照明灯具电压基本都在220V之内，无论是吊灯、台灯、壁灯、吸顶灯、射灯还是筒灯，在使用时都要考虑到安全性，电压一定要控制好。用于室外，主要起装饰效果的霓虹灯，由于采用冷阴极辉光放电，是依靠灯光两端电极头在高压电场下将灯管内的稀有气体击燃，而产生五彩斑斓的光线，其辐射光谱具有极强的穿透大气的能力，因此所需的电压极高，在使用时要格外注意。

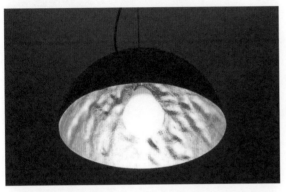

↑此处灯具为半圆吊灯，电压为220V，照明功率为40W，照射面积在15～30m²之间，主要适用于卫生间、走廊、客厅、庭院等室内家居空间。

↑用于室内的灯具电压基本一致，主要是功率的变化，此处防水户外壁灯电压为220V，功率在41～50W之间，照射面积在3～5m²之间。

↑为了维持霓虹灯的灯管正常辉光放电并处于一个稳定的状态，会在霓虹灯的灯管电路中接上高压变压器，为霓虹灯发光提供足够的电压。

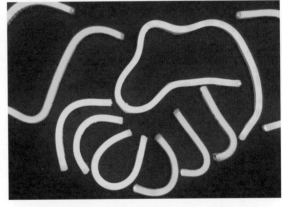

↑LED柔性霓虹灯是由玻璃管制成，经过烧制之后，能弯曲成设计想要的任何形状，具有非常强的灵活性，此处LED柔性霓虹灯电压为220V。

　　霓虹灯工作时灯管温度是在60℃以下，它能在露天日晒雨淋，也能在水中工作，所产生的色彩绚烂多姿，且霓虹灯的使用寿命较长，投入成本较低，是一种比较经济的照明灯具。此外为保证霓虹灯能在正常辉光放电区内放电并在工作时不发生较大的阴极溅射，阴极需有足够大的面积，否则会因流过较大电流，导致阴极电流密度过大而导致灯管寿命减短。

对于照明器而言，其工作零线截面应该按照规定进行选择。在单相以及二相线路中，零线截面与相线截面要相同；在三相线制线路中，当照明器为白炽灯时，零线截面要按相线截流量的50%的选择，当照明器为气体放电时，零线截面面积与相线截面面积要相等；若数条线路共用一条零线时，零线截面面积要按最大负荷相的电流选择。

↑此处为大型户外广告牌，属于太阳能LED灯，为新型能源，绿色环保，安装比较简便。电压为24V，额定功率为30W，实际功率为20W。

↑此处为用于酒吧舞台的声控彩灯，电源电压在100～240V之间，功率在10～25W之间，小型的插卡彩灯还能遥控控制，可以用于家庭派对。

↑不同的电压环境下，所选用的应急照明灯的型号也会有所不同。此外，除正常电源外，应急照明灯还有另外一路电源为其供电。

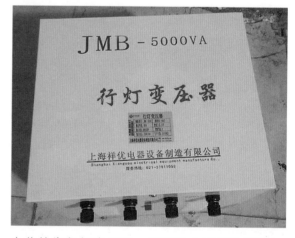

↑此处为行灯变压器，它的输入电压为220V、380V，输出电压为220V、36V，线路系统为单相线路，同时利用效率不小于90%。

图解小贴士

行灯是用于夜间照明的一种灯具。如今在很多检修现场，为了工作方便，会需要使用一种随时移动的照明用灯。这种灯具根据工作需要随时移动，出于人身安全方面考虑，这类行灯的电源电压不得超过36V；灯泡外部都要有金属保护网；金属网、反光罩和悬吊挂钩要固定在灯具的绝缘部位上；灯头与灯体要结合牢固；灯体与手柄要采用坚固、绝缘良好并耐热、耐潮湿的材料制作。

2.2 弱电与强电

众所周知，家庭电路主要分为强电和弱电。在电力系统中，36V以下的电压称为安全电压，1kV以下的电压称为低压，1kV以上的电压称为高压。直接供电给用户的线路称为配电线路，例如用户电压为380V/220V，则称为低压配电线路，也就是家庭装修中所说的强电，它也是家庭使用最高的电压。

↑此处红管为强电线路，蓝管为弱电线路，在进行电路铺设之前要设计好照明灯具以及开关、插座等的数量和位置，强弱电线铺设时要注意横平竖直，在强弱电交叉的地方要用锡箔纸覆盖，以免发生信号的干扰。

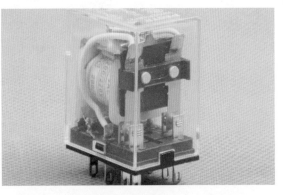

↑此处为电磁继电器，通常应用于自动控制电路中，它是用比较小的电流和比较低的电压去控制较大的电流和较高的电压的一种"断路器"。一般在电路中起着自动调节、安全保护以及转换电路等作用。

1.弱电

弱电一般是指24V以内的直流电电压，特点是电压低、电流小、功率小、频率高，例如以集中监控和管理为目的的综合系统，自动报警及联动等智能化管理系统；家居环境中的电话、计算机、电视机的有线或数字信号输入设备、音响设备输出端线路等均属于弱电电气设备范围。

弱电概念

←在建筑及装饰工程中常常使用到的，例如消防系统、安全防范系统、影像及广播系统、通信信息网络系统以及建筑设备监控系统等都属于弱电电气设备。

第1章 照明概述
第2章 光与电的关系
第3章 照明灯具
第4章 照明量计算
第5章 照明与设计
第6章 直接与间接照明
第7章 艺术照明
第8章 照明案例赏析

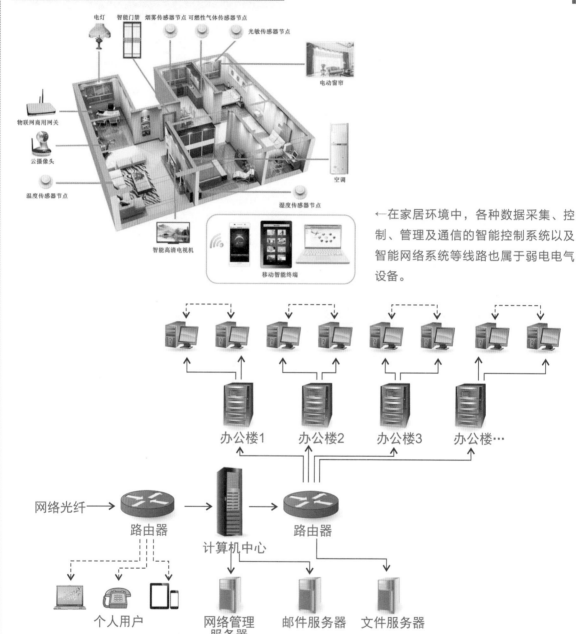

电灯　智能门禁　烟雾传感器节点　可燃性气体传感器节点

光敏传感器节点

电动窗帘

物联网商用网关

云摄像头

温度传感器节点

湿度传感器节点

智能高清电视机

移动智能终端

←在家居环境中，各种数据采集、控制、管理及通信的智能控制系统以及智能网络系统等线路也属于弱电电气设备。

办公楼1　办公楼2　办公楼3　办公楼…

网络光纤→

路由器

计算机中心

路由器

个人用户

网络管理
服务器

邮件服务器

文件服务器

↑此处为智能建筑弱电系统工程，一般用于大型办公楼、学校、图书馆等区域，智能建筑弱电系统可以有效地将信息传递系统化，能够将各种信息进行有效整合，不仅能加快工作进程，也更方便查找相关资料或进行资料分析等工作的开展与实施。

　　建筑中的弱电主要有两类，一类是国家规定的安全电压等级及控制电压等的低电压电能，有交流与直流之分，交流在36V以下，直流在24V以下，例如24V的直流控制电源或者应急照明灯备用电源；另一类是载有语音、图像、数据等信息的信息源，例如电话、电视机以及计算机等的信息。

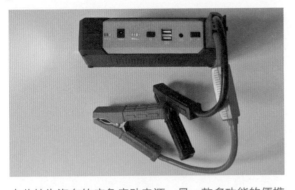

↑此处为汽车的应急启动电源，是一款多功能的便携式移动电源，属于弱电电气设备，适用于所有12V汽车，峰值电流为400A，可以用于汽车上手机、PSP以及平板计算机的充电。

↑此处为消防电源，属于强电电气设备，输入电压为220V，输出电压为28V，输出电流为5A、10A、20A，主要用于当消防联动系统供电部分与远端的探头声光报警器等达不到设定电压时使用。

2.强电

强电是指电工领域的电力部分，主要是用作一种动力能源，强电功率是以kW（千瓦）、MW（兆瓦）计算，电压是以V（伏）、kV（千伏）计算，电流是以A（安）、kA（千安）计算；弱电主要用于信息传递，一般是指直流电路或音频、视频线路、网络线路以及电话线路，直流电压一般在36V以内，家用电器中的电话、计算机、电视机的信号输入（有线电视线路）、音响设备（输出端线路）等家用电器均为弱电电气设备，弱电功率是以W（瓦）、mW（毫瓦）计算，电压是以V（伏）、mV（毫伏）计算，电流是以mA（毫安）、μA（微安）计算。而在建筑装饰工程施工中，常常会提到强弱电，这其实也是判断电压信号的一种说法。

强电概念

↑在家居环境中使用的电器，如照明灯具、电热水器、取暖器、消毒机、冰箱、电视机、空调以及音响设备等属于强电电气设备。

↑在建筑及装饰工程中的照明、空调、电热器、电炊具等以及其他一些大功率用电器都属于强电电气设备。

第1章 照明概述
第2章 光与电的关系
第3章 照明灯具
第4章 照明量计算
第5章 照明与设计
第6章 直接与间接照明
第7章 艺术照明
第8章 照明案例赏析

两者区别

强电与弱电在其他方面也有很大的不同，首先，强电与弱电的频率是不同的，强电的频率一般是50Hz（赫），称为"工频"，是指工业用电的频率，而弱电的频率往往是高频或者特高频，是以kHz（千赫）、MHz（兆赫）来计算的；其次是强电与弱电的传输方式不同，强电是以输电线路传输，弱电的传输则有无线与有线之分，无线电一般是以电磁波传输的；强电与弱电的功率以及电流大小不同，强电中也有高频（数百kHz）与中频设备，但电压较高，电流也较大。

↑此处为照明配电箱，主要用于发电站、变电站、高层建筑、机场、车站、仓库以及医院等的建筑照明和小型动力控制电路中，交流单相电压为220V，三相交流电压在380V以下，属于强电电气设备。

↑此处为单相行灯变压器，交流电压有36V与220V的，广泛用于电子工业、工矿产业以及机床和机械设备中一般电路的控制电源，同时也能做安全照明以及指示灯的电源，同样属于强电电气设备。

↑家居生活中比较常见照明电灯、插座等电器，因为它们的交流电压在110～220V之间，因此同属于强电电气设备。

↑此处为高频无极灯散热片，输入电压为220V，一般是正白光，色温为5000K，频率在30～165W之间，适用于165/165BT的投光灯。

第1章 照明概述

第2章 光与电的关系

第3章 照明灯具

第4章 照明量计算

第5章 照明与设计

第6章 直接与间接照明

第7章 艺术照明

第8章 照明案例赏析

2.3 照明电路与开关

在室内照明及供电设计中，对于设计师而言，了解照明供电设计的原则、照明供电回路设计方式、空开的相关数据值以及配电箱的相关知识非常重要。了解清楚这些，有助于帮助设计师们更高效地进行照明设计，也能更节能、环保地进行设计。

1.室内照明供电设计原则

●室内照明线路，常用的导线截面面积、导线长度以每一单相回路电流不超过15A为宜。

●室内分支线长度，220V／380V三相四线制线路，一般不超过35m，单相220V线路，一般不超过100m。

●如果安装高强气体放电灯或其他温光照明，每一单相回路不超过30A。这类灯具启动时间长，启动电流大，在选择开关和保护电器以及导线时要进行核算及校验。

●每一单相回路上的灯头和插座总数不得超过25个，但花灯、彩灯和多管荧光灯除外，插座宜以单独回路供电。

●应急照明作为正常照明的一部分同时使用时，应有单独的控制开关，应急照明电源应能自动投入应急使用。

●每个配电箱和线路上的负荷分配应力求均衡。

●按照电气设计规范，每条分支回路上插座数不应多于11个或灯具不多于20盏，对于大功率用电电器，如空调、取暖器、电热水器等，每台都应设置单独的回路。

↑配电箱布置安装是进行照明电路设计的一项重要工程，布置时要注意照明线路之间是否通畅，安装完毕之后一定要通电检查。

↑此处为空调的单独回路控制开关，由于空调所需的电压以及其电功率比较大，一般都会单独走线，其他大功率电器也需如此。

💡 **图解**小贴士

在照明设计、施工过程中，一定要尽量避免两个不同回路之间的干扰、爬电、击穿、感应以及短路等风险，避免烧毁器件，引发触电事故。

2.照明供电回路设计

照明供电回路设计要结合具体情况具体安排，根据以上原则并考虑安全、成本等要求综合进行设计。

以一套500m²左右的会议空间为例，办公空间的使用功能丰富，回路设计要依据空间功能进行，办公空间用电回路设计一般如下：照明一路或几路（根据灯具数量来确定），中央空调为单独一路，会议区插座为1路。

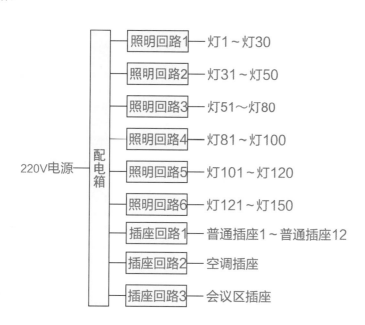

←此处为一套500m²左右的会议空间电气分路设计示意图，一般在进行照明设计之前都需要绘制此图，此图的主要作用是给设计师以及使用者对最终确定的灯具数量、照明回路以及相关开关、电线等做参考资料。

需要注意的是对于普通照明的配电，在其照明的分支回路中，不得采用三相低压断路器对三个单相分支回路进行控制和保护。当所需的插座为单独回路时，每一个回路的插座数量都不宜超过20个，而一般用于计算机电源的插座数量一般不宜超过5个，并且计算机的电源应该选用A型剩余电流动作保护装置。在照明系统中，每一个单相分支回路电流都不应该超过16A，且光源数量也不应该超过30个，一般的照明配电控制柜，最好将分支回路控制在200个以内，注意要配备好备用支路。

此外，在家居生活中，主要用于客厅顶棚的灯带，一般会留有单独回路，不会和其他灯具的回路放置在一起，灯带的分支回路的连接线方式一般是隔灯来连线，这种分支回路的连接方式也会比较好控制。当照明电路设计好之后，如果有需要修改的，则应该在实施设计之前考虑好回路变化的相应措施，一个回路一般20个光源左右，这样也比较方便后期增加新的灯具。在商场或办公空间内的照明，回路光源可以设置得相应多一点。

供电
回路

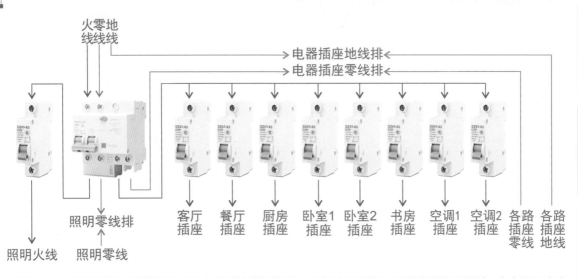

火零地
线线线

电器插座地线排 ←
电器插座零线排 ←

照明零线排

照明火线　照明零线

客厅插座　餐厅插座　厨房插座　卧室1插座　卧室2插座　书房插座　空调1插座　空调2插座　各路插座零线　各路插座地线

↑此处为三室两厅两卫一厨居住空间电气分路安装示意图，依据这份图样，可以清楚地了解到一套家居公寓大致需要的供电回路。在绘制之前，一定要掌握常用电子电路的设计方法，要能理解家庭电路的基本原理，要能掌握绘制电路平面图的正规设计和应用，正确地绘制图样。

电路组成

下面给大家主要介绍家庭照明电路的组成部分，主要包括电能表、隔离开关、断路器、导线（包括火线和零线）、熔断器、电灯开关、电灯以及插座。

这里所说的电能表主要是用来测量电路消耗了多少电能，计量每单位消耗的电能值，也就是度或者千瓦时。电能表常见的有感应式机械电度表和电子式电能表。隔离开关主要是用来隔离电源以及倒闸操作，也能用来连通和切断小电流电路，隔离开关是没有灭弧功能的开关器件。一般只要电路中电流超过额定电流，断路器就会自动断开。电灯开关以及插座是大家平常都会见到的，在设计照明电路时要注意电灯开关以及插座的选材，要选择防火的材料，建议选择品牌材料，质量相对来说比较有保障。

↑熔断器是指当电流超过规定值时，以本身产生的热量使熔体熔断，断开电路的一种电器。熔断器额定电压在3.6~40.5V，属于高压限流熔断器。

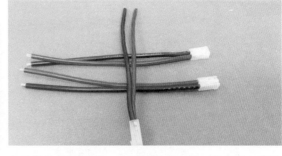

↑此处为照明导线，也是常说的电线，外包装一般为绝缘材料，这是为了防止触电事故的发生。

第1章　照明概述
第2章　光与电的关系
第3章　照明灯具
第4章　照明量计算
第5章　照明与设计
第6章　直接与间接照明
第7章　艺术照明
第8章　照明案例赏析

家庭照明

家庭照明线路的设计应该根据整个住宅空间的结构和具体照明设备的摆设位置以及其他电气设备的摆设位置来综合地进行考虑与设计。在进行家庭照明线路设计时要充分考虑到不同回路负载的承受能力，不能超出负荷，以免引起短路，造成火灾事故。对于不同照明器的最大耗电量以及其使用时间和使用禁忌都要有基本的了解，对于每个设备之间的互相干扰和设备的使用情况也需要做一定的了解。下面给大家介绍下家庭照明线路的设计以及实施流程。

（1）整体规划

依据房屋的整体结构布置图将空间进行合理的划分，确定各个部分的电器组成以及接口插座的位置，并明确相应电器的数量以及后期是否会有变更，同时要考虑到后期照明灯具的增加。依据这些资料来设计出整个电路的初步规划图，以便为下一步具体实施方案提供参考资料。

（2）定位画线

首先要确定起点和始点的位置，然后用粉线在此两点间画出导线位置的线条，再按要求在相距200mm 的地方定出固定铝片卡的位置，在距开关、插座、灯具安装位置50 mm 处和导线转弯两边的80mm 处，也是铝片卡的固定点，这个不能遗忘。

（3）开槽布管

一般在混凝土与砖墙结构上可采用切割机在墙面、地面开槽，顶面应当在楼板现浇时预埋穿线管，开槽深度为20mm左右，能放入一根 φ16PVC管或镀锌穿线钢管，用管卡钢钉固定。在木质、塑料等其他材料上布设穿线管时应当采用钢钉或免钉胶固定。

（4）敷设导线

注意在水平方向敷设护套线时，如果线路较短，可以按实际需要的长度剪断。敷线时，要一手扶导线，一手将导线穿入线管内；垂直敷设时，应自上而下，以便操作；所有线路铺设完成，最后一步就是连接设备，检查线路是否有问题。最后用1：3水泥砂浆填补线槽，表面封闭平整。

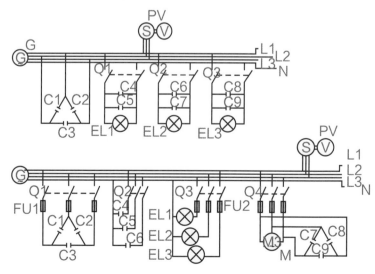

←此处为照明电路图，在敷设照明导线时，要先对照家居空间检查照明电路图是否有遗漏，确定无误后可进行下一步操作。在进行照明供电回路设计时一定要充分了解各类灯具的相关信息，要综合设计，力求设计出既节能同时又兼具足够的照明要求的照明电路。

3.空开与配电箱

空开与配电箱是室内空间电路设计中的重要部分，电源从户外进入户内，首先要接入配电箱中的断路器，然后再按预先设计的回路进行布线。

断路器工作原理是：当工作电流超过额定电流、短路等情况下，自动切断电路。通过它连接和断开电路，由于断路器可以分断比开关额定电流大得多的电流，所以它具有过流及短路保护功能。由于它的灭弧介质是空气，所以也被称为空气断路器或者空气开关。

断路器主要由感受元件、执行元件和传递元件组成。在正常情况下，低压断路器可用来不频繁地通断电路及控制电动机，当电路中发生过载、短路等故障时，还能自动切断故障电源，可以保护电器。

目前，家庭总开关多以剩余电流型断路器为主。常见的有以下型号/规格：C16、C25、C32、C40、C60、C80、C100、C120等规格，其中C表示起跳电流即促使断路器自动断路的电流强度，例如C32表示起跳电流为32A，一般安装6500W热水器要用C32，安装7500W、8500W热水器要用C40的断路器。而一般民用和商用室内供电系统是指从进入室内的供电电源开始到电气设备用电端点这部分。

第1章 照明概述

第2章 光与电的关系

第3章 照明灯具

第4章 照明量计算

第5章 照明与设计

第6章 直接与间接照明

第7章 艺术照明

第8章 照明案例赏析

空气开关

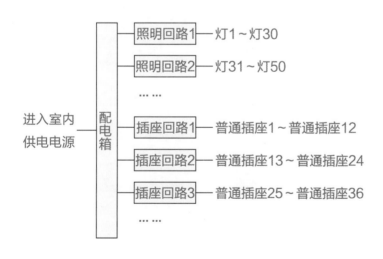

←此处为室内供电系统组成示意图。图中的"电源分配"部分就是通常所说的照明配电箱（强电箱），照明配电箱在土建施工过程中是预埋在室内墙壁上的。图中还粗略表明了室内用电不是把供电电源拿来直接使用，而是要对其进行分配后再使用，这就是"分路"。

💡 **图解**小贴士

照明系统中的每一单相回路上，灯具和插座数量不宜超过25个，并应装设熔断电流为15A以下的断路器保护。

电源配置

照明配电箱并非仅仅负担照明的电能分配，它还负责插座的电能分配，民用和普通商用的分路主要是指照明和插座两部分。

配电箱进线一般为220VAC/1或380AVC/3，电流强度在63A以下，负载主要是照明器（16A以下）及其他小负荷，民用建筑中空调机也可由照明配电箱供电。照明配电断路器选择一般是配电型、照明型。常见的空气开关和配电箱品种繁多。

↑此处为普通断路器，价格比较便宜，在以往用得比较多，有一开、两开以及三开等型号，具备一定的热保护功能。

↑此处为剩余电流断路器，家居生活中比较常用的一种断路器，具备热保护功能以及速断保护功能，同时也能有效地防止因短路而引发的安全事故。

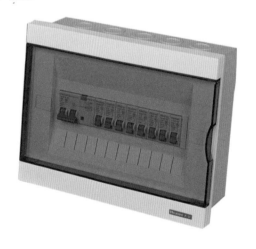

↑此处为配电箱，有明装和暗装两种安装方式，在安装配电箱时要注意，安装要牢固，横平竖直，垂直偏差建议不大于3mm。

↑此处为配电柜，配电柜（箱）可以分为动力配电柜（箱）和照明配电柜（箱）以及计量柜（箱），配电柜主要用于负荷比较集中、回路较多的场合。

 图解小贴士

导致断路器经常跳闸的原因有很多，首先可能是因为断路器的寿命已经差不多了，提醒你该更换了。还有可能是因为家里面的负载太多了，所以功率过大它就自我保护了。夏季空调、热水器等大功率电器集中开启会造成断路器负荷加大。也有可能与夏季空气湿度大有关。

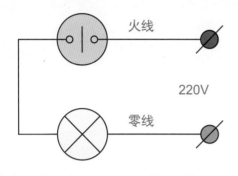

↑此处示意图为一只单联开关控制一盏灯，接线时，开关应接在相线（俗称火线）上，这样开关切断后，灯头上会没有电，安全性也会比较高。

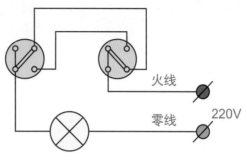

↑此处示意图为两只双联开关在两个地方控制一盏灯，这种方式一般用于楼梯处的电灯，在楼上和楼下都可以控制，有时也用于走廊电灯，在走廊的两头都可控制。

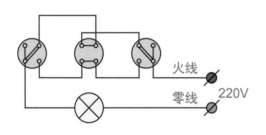

↑此处示意图为两只双联开关和一只三联开关在三个地方控制一盏灯，这种开关方式通常用于楼梯和走廊，比较方便。

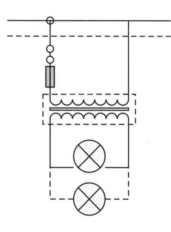

←此处为降压变压器的接线示意图，一般36V以下的局部照明电源，会采用固定式降压变压器供电。

　　照明的分支回路的功率要控制在1～2kW之间，如果使用更大功率的照明灯具，则按照100W一个来计算，要记住在安装电源时，面向插座的左侧接零线（N），右侧接相线（L），中间上方应接保护地线（PE）。一般插座用SG20管，照明用SG16管，当管线长度超过15m或有两个直角弯时，要增设拉线盒；顶棚上的灯具位要设置拉线盒固定，且为暗盒，拉线盒要与PVC管用螺接固定。穿入配管导线的接头设在接线盒内时，线头要留有余量150mm。

🔆 图解小贴士

　　客厅一般布4支线路，包括电源线、照明线、电视线和电话线，客厅至少应留5个电源线口；阳台一般布2支线路，包括电源线、照明线；餐厅一般布3支线路，包括电源线、照明线、空调线；卧室一般分布3支路线，包括电源线、照明线以及空调线，床头柜的上方要预留电源线口，并采用带开关的5孔插线板，卧室照明灯光采用单头和灯管，建议采用双控开关，一个安装在卧室门外侧，另一个开关安装在床头柜上侧或床边较易操作部位；走廊一般布2支线路，包括电源线和照明线，电灯开关选单联开关；厨房一般布2支路线，包括2支路电源线和2支路照明线，切菜的地方可以安个小灯，以免光线不足，造成事故，并预留微波炉、电饭煲、消毒碗柜和电冰箱等的电源插座；卫生间一般布2支线路，包括电源线和照明线，电热水器和洗衣机的电源插座要预留。

第1章 照明概述
第2章 光与电的关系
第3章 照明灯具
第4章 照明量计算
第5章 照明与设计
第6章 直接与间接照明
第7章 艺术照明
第8章 照明案例赏析

2.4 电气设计方法

了解室内电气设计是进行照明设计的一个必要过程，足够的电压带动灯具发光，同时不同的电功率也会带来不一样的照明效果，因此，需要对电气设计方法有一个基本的了解，这有助于绘制照明电路设计图样，也能帮助我们设计更优秀的照明作品。

→此处为室内电气设计内容示意图，从图中可以看出，室内电气设计主要包括低压供电系统设计以及弱电系统设计，其中低压供电系统又分为系统设计和线路设计，系统设计和线路设计又有其他划分，在进行室内电气设计时要将每一个步骤分化清楚，这样也能更高效地完成任务。

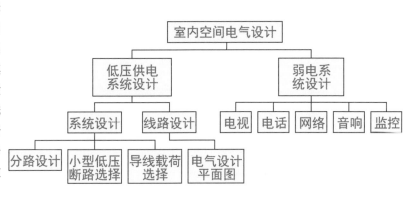

在进行室内电气设计时要明确线路应该布置在墙内，在墙上应该提前预留好足够的插座，要保证使用者住进去后不需要再次进行增线或者改动线路，所布置的线路要保证各种家电都可以使用，此外由于单相用电设备的使用是经常变化的，因此建议不要两个单相支路共用一根中性线。

室内电气设计好之后，进行室内配线时有以下几点一定要注意，首先是要注意在室内布线时要根据绝缘层的颜色分清火线、中性线和地线；其次是室内配线时要尽量避免导线有接头，接头如果工艺不良会使接触电阻太大，造成电线发热量过大而引起火灾。在不能避免有接头的情况下，可以采用压接和焊接，要注意接触一定要良好，不要有任何松动，接头处也不应受到机械力的作用。

此外，当导线互相交叉时，要在每根导线上套上塑料管或绝缘管，避免碰线；选用的绝缘导线的额定电压必须要大于线路的工作电压，导线的绝缘部分应该符合线路的安装方式和敷设的环境条件，导线的截面面积也要满足供电能力和供电质量的要求，还要防火；当导线穿过楼板时，还应该装设钢管或PVC管加以保护，管子的长度应从高楼板面2m处到楼板下出口处为止。

图解小贴士

在进行照明设计时，要根据视觉要求、作业性质和环境条件，创造一个舒适的照明环境，同时取得良好的视觉功效；在确定照明方案时，要考虑到不同类型的建筑对照明的特殊要求，要充分注意技术与经济效益的关系，合理使用建设资金，多采用节能高效的灯具；方案实施后要对配电箱、断路器、开关线路及每个灯具都进行日常检查和维护。

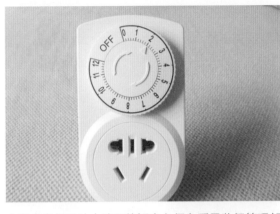

↑室内电气设计中选用的插座必须有质量监督管理部门认定的防雷检测标志，壳体应该使用阻燃的工程塑料，不能使用普通塑料和金属材料。

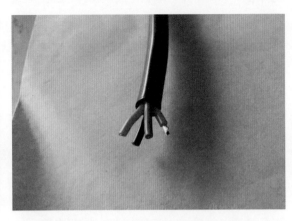

↑在敷设导线时要注意导线的总截面面积应该小于管内净面积的40%，绝缘导线的绝缘电压等级也要大于500V，管内导线最多只能穿8根，这一点要牢记。

↑进行室内电气设计时要注意，家居空间内的可以看见的插座离地面的高度应该以孩童触碰不到的高度为基准，以免儿童碰触到，导致安全事故的发生。

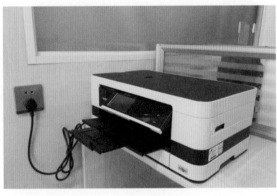

↑在进行室内电气设计时要注意预留电冰箱、洗衣机、柜机以及办公空间内的打印机等功率较大和需要接地的电器的插座，一般建议使用单独安装的专用插座。

在进行室内电气设计时要注意电源引线与插头的连接入口处，要用压板压住导线，插座一般要固定安装，不要吊挂使用，吊挂会引起电线摆动，从而造成螺钉松动，可能会使插头与插座接触不良。卧室内的电源插座要避开衣柜和床头位置，可以安装在两侧墙上，一般距地0.4m即可。空间较小的卧室可以采用窗式空调，插座建议设于避开衣柜一侧窗户旁墙面上。

住宅室内的总开关、支路总开关和所带负荷较大的开关(如电炉、取暖器等)应优先选用具有过流保护功能、维护操作简单且能同时断火线和中性线的负荷开关，所有灯具的开关必须接火线（相线），否则会影响到用电安全及经济用电。客厅应有4组由1个单相三线和1个单相二线的组合插座，其他室内应在不同位置有2组插座，插头、插座的额定电流应大于被控负荷电流，以免接入过大负载，造成线路发热，而引起短路事故。

电气负荷

第1章 照明概述

第2章 光与电的关系

第3章 照明灯具

第4章 照明量计算

第5章 照明与设计

第6章 直接与间接照明

第7章 艺术照明

第8章 照明案例赏析

对于电路敷设的基本知识，也需要有一定的了解，这样能够帮助我们在照明设计中如果遇到照明故障，可以很快速地寻找到故障原因，并能提出相应的解决方案，也能一定程度上延长照明寿命。通常电气施工中，室内线路的敷设主要分为明敷设和暗敷设两类，下面一一进行讲解。

电路敷设

1.明敷设

明敷设俗称"走明线"，采用绝缘材料制作线槽沿墙面、顶棚或屋架等，在不太追求视觉效果的室内空间中敷设，广泛用于工厂厂房、车间或者库房等。明敷设施工简便、维护直观并且成本耗费较低。需要注意的是，在明敷设时有可能遇到机械损伤的地方，例如沿柱子、吊车梁、导轨或某些高度在1.8m以下的位置，应穿钢管或用其他措施进一步保护。配电箱的几个不同回路的出线沿同一方向明敷设时，可合穿一根管，管内线路总数不应超过8根。

2.暗敷设

暗敷设即俗称的"走暗线""暗装"等，属于隐蔽工程的一部分。通常方法是将绝缘导线穿入焊接钢管、硬质塑料管或难燃烧的塑料电线套管中，然后将其埋入墙体内、地坪内，一般程序是先在相应位置开槽，然后将导线和线管置入，再用水泥砂浆等材料将其封闭。有时候，也可将线管置于顶棚内，这样操作工序较少，也不影响美观。当前居室电气施工中，常常使用阻燃塑料电线套管，它重量较轻，价格经济，施工方便。由于相临很近的电线在电流通过时，会产生一定的电磁干扰，有可能影响用电设备的信号传输，因此，在进行线路敷设操作时，应强调强电和弱电的管槽之间保持一定距离，通常在300mm以上，以避免并排走线造成的强电和弱电系统之间的干扰。尤其是网络线路，为保证良好的信号，在条件允许的情况下，尽量做到独自走线。在封闭管线之前，应保留实际走线图样，以备维修时，提高工作效率和准确度。对于插座，应合理预留，一般距离地面800mm以下，以免影响美观。

↑此处为明敷设线路，在进行敷设线路时首先要挑选质量上乘的电线，确保电线导管无开裂现象，敷设之前要注意比对设计图样。

↑此处为明敷设桥架，明敷设桥架时为了避免所桥架的管道掉落，交接处一定要结合紧密，将其固定于建筑空间顶部的相关零部件一定要选择质量好的。

↑此处为暗敷设插座电路，在进行暗敷设插座电路之前要确定好插座的数量与安装位置，插座的型号要统一好，插座开槽还要注意槽面平整。

↑此处为暗敷设插座安装，插座安装完毕后要通电检查线路是否通畅，一般建议专业施工人员进行电路相关检测工作。

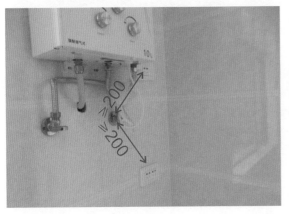

↑在进行管道敷设时要注意电线管与热水管、蒸汽管同侧敷设时，敷设应当远离热水管、蒸汽管，距离应当保持200mm以上，以免受热过度造成损坏。

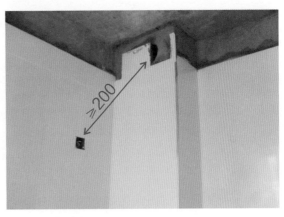

↑厨房的配电线路在设计时应该距离烟道至少200mm，这样可以有效地避免导线受热，如果出现小于200mm的情况，建议做隔热措施。

消防报警的用电设备在进行电气设计时要注意，当采用暗敷设时，应敷设在不燃体结构内，且保护层厚度不宜小于30mm；当采用明敷设时，应采用金属管或金属线槽，其表面应涂刷防火涂料保护。在进行线管敷设时还要注意暗装于结构墙体部位的箱盒以及缩进饰面20mm以上的箱盒必须加套盒处理，暗装于木结构等易燃装饰面内的箱盒，箱盒口必须与装饰面平齐，配线工程使用的管卡、支架、吊架等为非镀锌金属附件时，也应该除锈后刷防锈漆。

💡 **图解**小贴士

在安装固定式降压变压器时要注意，变压器的一次侧应该装有熔断器和双刀开关，这样不仅能起到保护变压器的作用，而且对二次侧短路也能起到保护作用，同时二次侧也应该有保护外壳，低压侧还应该接地线或接零线，以此来保证使用时的安全性。

第1章　照明概述

第2章　光与电的关系

第3章　照明灯具

第4章　照明量计算

第5章　照明与设计

第6章　直接与间接照明

第7章　艺术照明

第8章　照明案例赏析

2.5 照明电线

电能是通过电线（导线）来传递的，电线品种繁多，根据不同用途，其导电能力大小不一，价格也有差别，如何经济合理地选择电线非常重要。

一般住宅或者其他室内装饰工程的电气设计使用的导线型号主要是：BV500的三种，截面面积分别为1.5mm²、2.5mm²和4mm²。截面面积1.5mm²导线主要用于照明线路，截面面积2.5mm²导线主要用于插座线，4mm²导线主要用于空调或者其他大功率线路。个别情况下，根据导线承载的电流大小也会用到BV500的截面面积为6mm²的导线。

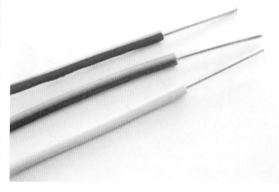

↑此处为截面面积1.5mm²电线，家居空间中功率比较小的电器基本可以选用这类电线。

↑此处为截面面积2.5mm²电线，家居空间中功率比较大的电器的电源插座基本都可以选用这类电线。

在导线标识上，BV500表示单芯铜导线，绝缘层耐压500V。Xmm²表示导线截面面积。室内电气设计一般还要考虑一定的安全系数。一般可按1mm²铜导线承载4A电流估算。因此，2.5mm²照明线可承受10A电流，即2.2kW电能消耗；4mm²插座可承受16A，即3.52kW电能消耗。下面给大家列出部分不同截面的单芯铜导线可承载的最大电流和电能，在后期的照明电气设计中大家可以作为参考资料。

电线说明

不同截面的单芯铜导线可承载的最大电流和电能		
导线截面面积/mm²	最大承载电流/A	最大承载电能/kW
1.5	16	3.5
2.5	24	5.3
4	31	6.8
6	41	9

对于室内空间特别是居住空间的用电荷载量的计算，通常以2.5mm²铜芯线来计算，即按照2.5mm²铜芯线在穿管、暗埋后，月平均最高温度33℃的条件下的最大允许电流来计算，一般该数据为21A。在工作电压为220V时能够带动的最大负荷 220V×21A =4.62kW。对于居住空间等室内空间而言，在电路设计上，根据荷载来确定导线的粗细。

不同电路分项的导线类型以及分路方式		
电路分项	用线规格	回路设计
进户线或总闸	10mm²铜芯线	
空调线	4mm²铜芯线	每台单独一路
客厅、房间插座	2.5mm²铜芯线	合用一路
客厅、房间照明	1.5mm²铜芯线	合用一路
卫生间照明	1.5mm²铜芯线	单独一路
卫生间插座、浴霸	4mm²铜芯线	合用一路
厨房照明	1.5mm²铜芯线	单独一路
厨房动力或加热电器插座	4mm²铜芯线	单独一路
冰箱	2.5mm²铜芯线	单独一路

空调的负荷较大，如果几台合用一路，会增加导线负荷，容易跳闸，也有火灾隐患，所以要每个分开。照明一般负荷较小，故可合用。卫生间、厨房的照明单独出来一方面是为了减少单根导线负荷，另外也因为两块地方潮湿，发生故障概率相对略大，万一发生故障，可单独检修，而不会影响到其他照明或使用。此外，要注意照明电路里的两根电线，一根是火线，一般为红色、绿色或黄色；另一根是零线，一般为蓝色；此外还有地线，一般为黄绿色或黑色。

↑在使用电线的过程中要避免将成卷的电线打散，必须远离明火存放，也不建议将电线直接暴露在阳光直接照射或者超高温的环境下。

↑此处为家用照明电线，一卷长度基本为100m，额定电压为300V/500V，截面面积为1.0 mm²电线，主要适用于家居空间中功率很小的电器。

第1章 照明概述
第2章 光与电的关系
第3章 照明灯具
第4章 照明量计算
第5章 照明与设计
第6章 直接与间接照明
第7章 艺术照明
第8章 照明案例赏析

一般不同的功率以及不同的电压，所选用的电线粗细都会有不同，在进行照明设计时，这一点也是需要了解的。可以认为，电线的选择在一定程度也决定了照明灯具的样式以及对应的照明方式，下面列表说明。

照明功率/W	电压为12V		电压为240V	
	电流/A	电线截面面积/mm²	电流/A	电线截面面积/mm²
100	<5	0.5~0.75		
100~200	5.4~11	1	0.45~0.9	0.5
300~400	16~22	1.5	1.36~1.4	0.5
500~600	27~33	2.5	3~3.6	1
700~800	38~44	4	4~4.85	1.5
900~1000	50~55		5.4~6	1.5
2000			12	2.5
3000			18	2.5
4000			24	4

常用照明功率、电压下的电线选择

在进行照明设计时要了解火线和零线的区别，火线的对地电压等于220V；零线的对地电压等于零，这是因为它本身与大地相连接在一起的，所以当人的一部分碰上了火线，另一部分站在地上，人这两个部分之间的电压等于220V，就有触电的危险了，反之人用手去抓零线，人是站在地上，由于零线的对地电压等于零，所以人身体各部分之间的电压等于零，人就没有触电的危险，这一点在设计时也要考虑在内。在设计过程中一定要重视接地的重要性，接地是电气设备安全技术中最重要的工作，应该认真对待，正确接地可以提高整个电气系统的抗干扰能力。

↑此处为家用试电笔，火线是照明电路里的对地电压，是等于220V的线，可以用家用试电笔进行测试。

↑此处蓝线为零线，与相线构成回路对用电设备进行供电，零线在变压器中性点处与地线重复接地。

第1章 照明概述

第2章 光与电的关系

第3章 照明灯具

第4章 照明量计算

第5章 照明与设计

第6章 直接与间接照明

第7章 艺术照明

第8章 照明案例赏析

在连接导线时一定不能将零线端和定位用的地线端连在一起，如果设备的电源火线、零线接反或使用中插错位置，很有可能会造成火线、零线短路，严重的还会造成火灾，造成不可弥补的损失。因此，一般办公空间以及家居空间内，建议还是选用三线电源插头和三线插座，另外保护地线一般建议选用横截面积为2.5m²的黄绿双色软线，以便于用户区分。

线路
连接

↑此处为密集型母线槽，适用于交流三相四线、三相五线制，在高层建筑的供电系统中，母线槽作为供电主干线一般在电气竖井内沿墙垂直安装一趟或多趟。

↑在接开关以及螺口灯具导线时，相线应该先接开关，开关引出的相线应该接在灯中心的端子上，零线应该接在焊纹的端子上。

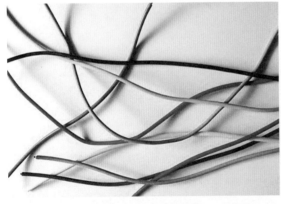

↑不同回路的照明电线要选用不同颜色，这样能够方便识别不同的回路布线，布线时要执行强电走上，弱电在下，横平竖直，避免交叉，美观实用的原则。

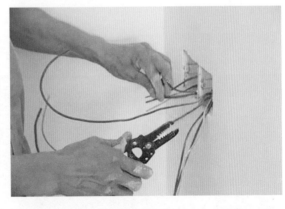

↑照明电线在布线时可以预留一些，电线超出墙面300mm为佳，以免后期要挪动开关的位置或进行其他改动等，确定无变化后可以将多余的电线剪掉。

💡 **图解**小贴士

设计师在选择照明灯具时一定要遵循安全原则，必须选择正规厂家的灯具。一般商场内正规产品都标有总负荷，根据总负荷，可以确定使用多少瓦数的灯泡，尤其对于多头吊灯来说最为重要，即：头数×每只灯泡的瓦数＝总负荷。此外，照明灯具的电源线在配线时，所选用导线截面面积也应该要满足用电设备的最大输出功率。

↑此处餐厅内的背景墙上方设置有轨道射灯为其提供一般照明，同时混合有暖黄色灯光的灯带为其做补充照明，很好地展现出了墙壁浮雕的层次感与立体感。电线穿入穿线管，穿线管采用深灰色乳胶漆喷涂。轨道自身带有导电体，电线只接在轨道端头，灯具与轨道相连即可照明。

↓红色的光线与白色的光线混合在一起时，白光可以很好地中和红光带来的刺眼感，也能平衡明暗对比以及色彩对比所带来的冲突感。照明电线暗埋在顶棚和墙面中，外部看不到任何电线或穿线管。

第3章
照明灯具

识读难度：★ ★ ★ ☆ ☆

核心概念：灯具种类、选用原则、LED灯

章节导读：

在现代社会中，灯光是不可或缺的一部分，在建筑室内外装修设计中更是占据了重要的地位，灯具作为照明设计中最基本的一个环节，自然也需要设计师能够对各类灯具运用纯熟，对于灯具的不同特色能够如数家珍。在照明设计中同样也需要设计师能够创造一个带有自己特色的优质照明灯具，在灯具的外形上以及各种性能上都能有所提升，能够与以往的灯具有所差别，这也是营造更美好照明环境的一种方式。

3.1 灯具概述

灯具是指能透光、分配和改变光源光分布的器具，包括除光源外所有固定和保护光源所需的全部零部件，以及与电源连接所必需的线路附件，一般是指由光源、灯罩、附件、装饰件、灯头、电源线等零部件装配组合而成的照明器具。

灯具主导光源光线的投射方式，同时保护光源，提高照明效率。灯具的分类方式非常多，有的根据光源性能来分，有的根据光照方式来分，而有的根据使用需求，分为装饰灯具和功能灯具，每种划分方式都有各自的依据。

中国早期的灯具，类似陶制的盛食器"豆"，形制比较简单，上盘下座，中间以柱相连，奠立了中国油灯的基本造型。千百年发展下来，灯的功能也逐渐由最初单一的实用性变为实用和装饰性相结合。

灯具光源

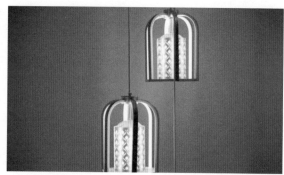

↑现代的照明灯具造型多样，色彩艳丽，更多地会融合时代特色，不同的灯具表达了设计师不同的情感寄托。

←历代墓葬出土的精美的灯具，以及宫中传世的作品，造型考究、装饰繁复，很好地反映了当时主流社会的审美时尚。

现代灯具包括家居照明、商业照明、工业照明、道路照明、景观照明以及特种照明等。家居照明最开始更多的是使用白炽灯，后来发展到荧光灯，再到后来的节能灯、卤素灯、卤钨灯、气体放电灯和LED灯等。

随着我国经济社会的不断进步，公众已经不仅仅只追求物质生活的提高，更多地会追求更好的精神生活质量，照明灯具作为日常所需的生活用品，荧光灯、节能灯、LED灯等新型光源的出现，使照明灯具发生了翻天覆地的演进，各种造型有趣、美观的灯具层出不穷。未来的灯具设计在兼具美观与实用的同时必须朝着更节能、更绿色和更环保的方向努力。

按照国际通用规则，灯具可按照光通量的上、下分布情况，将灯具分为直接型、半直接型、扩散型、半间接型和间接型。

1.直接型灯具

广阔配光的直接型灯具具有线形的反射罩，能将光线集中在轴线附近的狭小范围内，因而在轴线方向具有很高的发光强度，适用于广场和道路照明。室内空间中常用在顶棚上的内置灯具也属于直接型灯具。直接型灯具由于主向性强，易形成较严重的对比眩光和浓重的阴影，需要合理安排灯具的位置。

↑用于客厅的内嵌式筒灯，光照一般比较强，可以为客厅提供足够的亮度，但要注意照明过于集中，可能会导致很严重的眩光。

↑此处悬挂式吊灯用于客厅时，如果悬挂位置过低，可能会导致灯罩内的光线直接照射到人眼中，刺眼的光芒会造成非常严重的视觉伤害。

↑此处灯具用于道路照明，灯光有90%以上是直接作用于路面，为夜间行走提供了足够的亮度，灯具安装高度也十分适宜。

←此处灯具用于广场周边环境照明，带有弧度的灯罩层层相叠，有效地避免了亮度过高而导致的眩光问题，使得照度比较均匀。

眩光是所有灯具都会遇到的一个问题，设计师要做的就是运用科学的手段，在灯具的安装位置、安装数量以及安装高度上做调整，以此来减弱眩光，营造更好的灯光环境。

第1章 照明概述
第2章 光与电的关系
第3章 照明灯具
第4章 照明量计算
第5章 照明与设计
第6章 直接与间接照明
第7章 艺术照明
第8章 照明案例赏析

2.半直接型灯具

半直接型灯具可使部分光射向顶棚或者墙面，改善了房间光照的分布。一般利用半透明材料做灯罩或在不透明灯罩上部开透光缝，这样，就能减小灯具与顶棚以及周边环境亮度间的强烈对比。

↑此处灯具选用轻纱质的材料作为灯罩，光线一部分通过灯具上方灯罩的间隙投射到顶棚，一部分光线从下方投射出，整体光线比较协调。

↑此处壁灯位于装饰画的上方，灯罩上下相同，光线从灯具的上部分射向顶棚，另一部分光线则从灯具的下方射向装饰画，为其提供局部照明。

↑此处台灯选用了亮度比较高的光源，通过灯罩，能够弱化光线的亮度，一般用于卧室当中，能够营造一个很好的睡眠环境。

←此处壁灯将光线分散化，灯罩本身就减弱了光线的强度，上下平分秋色的光线使得明暗对比不会那么强烈。

使用半直接型灯具照明时，如果在不透明灯罩上方有开透光缝，那么在使用过程中必须考虑到清洁问题，透光缝处容易有灰尘堆积，长久以往可能会对灯具的照明效果产生影响，对灯具的美观性也会有一定的影响。对于透光缝，使用者应该经常打扫，也可以准备备用的灯罩，好随时更替。半直接型灯具现在已经非常常见了，人们追求更舒适的照明环境，希望灯光能够为他们营造不一样的氛围，半直接型灯具有效地减缓了光线直接照射的问题。

3.扩散型灯具

此类灯具的灯罩多用扩散透光材料制成，整个灯具光通亮上下变化不大，因而使得室内得到优良的亮度分布。最典型的扩散型灯具是乳白球形灯。现在，扩散型灯具的式样繁多，选择范围也比较广泛。

↑此处台灯灯罩为基本不透明的透光材料，灯光主要沿着灯罩向四面八方扩散。整体光照比较均匀，不会轻易产生眩光。

↑此处悬挂式吊灯选用了灯泡造型作为灯罩，可以用于餐厅内部的餐桌照明，暖黄色灯光能勾起食欲，光线均匀也能营造比较好的聊天氛围。

↑此处灯具为乳白球形灯，灯光偏暖色，通过球形，光线更柔和地射向四方，使得整体空间内照度基本一致，不会出现非常明显的亮度对比。

↑此处灯具主要用于庭院入口处，灯具选用了不透明的透光材料作为灯罩，光线通过灯罩射向四方，为入口活动提供照明，同时也能营造一种神秘的氛围。

图解小贴士

光扩散材料一般是通过在透明树脂中添加光扩散剂。透光材料依据其透明度可以分为透明材料、半透明材料、基本不透明材料和完全不透明材料，它们对光的投射情况不同。透明材料和半透明材料是规则透射和定向扩散透射，例如透明亚克力、轻质磨砂玻璃；基本不透明材料和完全不透明材料是混合透射和均匀透射，例如乳白色的亚克力板等。

第1章 照明概述
第2章 光与电的关系
第3章 照明灯具
第4章 照明量计算
第5章 照明与设计
第6章 直接与间接照明
第7章 艺术照明
第8章 照明案例赏析

4.间接型灯具

间接型灯具是用不透光材料做成，几乎全部光线都射向上部。光线经顶棚反射到工作面，柔和而均匀，并完全避免了灯具眩光的产生。但因有用的光线全部来自反射光，光利用率很低，故一般用于照度要求不高，全室均匀照明、光线柔和的环境。

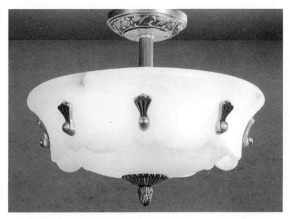

↑此处灯具选用了玉质材料作为灯罩，上方开口，使得光线90%以上作用于顶棚，光线由顶棚再次射向地面，使得整体空间内光照度以及亮度比较柔和。

↑此处灯具同样也是上方开口，但此处灯具距离顶棚较近，所能反射的光面积过小，使得顶棚过亮，与周围环境的亮度比非常明显。

↑此处艺术吊灯由九个相同大小的灯具组成，每一个灯具上方都有开口，这种照明灯具不仅能有效地减弱光线亮度，也能有效分散光线，使光线更柔和。

↑此处花型的艺术吊灯位于艺术顶棚的中心，两者组合在一起，光线从花型吊灯的上方射向顶棚内经过反射，使得射向地面的光线更均匀，也更舒适。

图解小贴士

在选择灯具时要尽量选择不含重金属的灯，如汞、镉、铅等，此类重金属不易被微生物降解且具有明显毒性，对环境造成的影响很大，尤其是节能灯中含有汞蒸气，灯泡的破碎会导致汞蒸气散发，选择时应该注意。一般在产品的说明书最后会给出重金属的指标来告诉消费者该产品中含有哪些重金属。

5.半间接型灯具

半间接型灯具的上半部是透明或敞开，下半部是扩散透光材料。上半部的光通量占总光通量的60%以上，使房间的光线更均匀、柔和。但这种灯具在使用过程中，透明部分很容易积尘，而降低使用效率。因此，现在这一类型灯具使用场合有限。

↑此处壁灯上半部分呈敞开状，能够射向地面的光线比较少，比较适用于空间面积比较小，而又对照度要求不高的区域。

↑此处灯具由球泡灯和半开放式灯罩组成，灯罩的下半部分是由完全不透明的透光材料组成，光线主要从灯具的上半部分以及灯罩的间隙中射出。

↑此处壁灯灯型比较小，光照度也比较柔和，可以用于面积比较小的卧室，也可以为墙上的装饰画做补充照明。

↑此处灯具造型比较美观，灯具上半部分类似于开放的花朵，这种灯具如果灰尘堆积，就很难清洗，建议使用时经常清洗，以免灰尘堆积过多。

半间接型灯具一般适用于对光线亮度和照度要求不高的室内区域。由于半间接型灯具下部分的光通量比较小，直接照射的亮度比较低，因此对于需要高亮度的精密工作是不适合的，但可以用于主要用来阅读的场所。半间接型灯具柔和、均匀的灯光能创造一个很好的读书氛围，能够平静人的心态，使人沉静下来，精心阅读。同样，对于主要用来休憩的卧室空间，半间接型灯具也可以作为局部照明灯具来使用。

第1章 照明概述
第2章 光与电的关系
第3章 照明灯具
第4章 照明量计算
第5章 照明与设计
第6章 直接与间接照明
第7章 艺术照明
第8章 照明案例赏析

3.2 灯具设计原则

灯具设计与建筑设计、其他工业产品设计一样，应当遵循实用、经济、美观三大基本原则，同时向环保方向发展。

1.实用

任何产品都是为了使用才生产的。因此，要求产品在使用功能上必须科学、合理、好用。灯具首先必须在照明技术上性能好，尺度上适合空间环境和使用对象的要求，结构上合理，操作上灵活方便，维修保养上也很简便。不实用的产品会给使用者带来不便或危害。

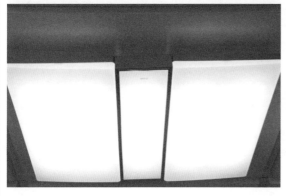

↑此处的卧室吸顶灯的造型比较简单，亮度也比较适合，既能为卧室内的相关活动提供足够的亮度，灯光也比较柔和。

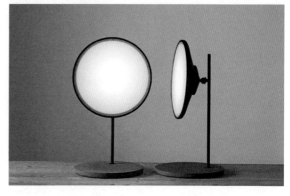

↑此处灯具为可调节的月光灯，灯罩内安装有扁平的LED灯泡，只需要简单地打开或是关闭灯罩背后的一个小开关便可以控制其不同的角度位置。

↑此处为LED学生专用作业台灯，亮度可以自由调节，有一档到五档之分，同时还兼具有护眼功能，比较实用。

↑此处的长臂台灯高度可以随意调节，灯光也比较柔和，能够很好地为书写和阅读提供一个舒适的照明环境。

2.经济

任何产品都要求用材合理、结构既简单又安全可靠、加工简便、生产成本低、价格低廉和坚固耐用。如果灯具结构复杂、加工费工时、售价高昂和容易损坏，既不符合多、快、好、省的建设方针，销路也不会好。

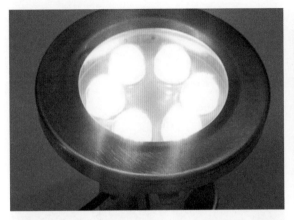

↑ 此处为喷泉用的LED水底灯，经济性较差，质量较好的价格较高，使用寿命较长、运行费用较小；质量较差的价格便宜，会漏水和漏电而影响工程的验收。

↑ 此处圆形的LED吸顶灯使用寿命比较长，长达10000h以上，价格比较适中，同时还可通过遥控来分段控制其开关，比较便捷。

↑ 此处LED顶棚射灯照射范围比较广，照明功率比较低，价格比较适中，适合日常家居生活中使用。

↑ 此处光固化灯可以运用于学校、教堂、小型剧院以及预算紧凑的场地，光固化灯不易损坏。

图解小贴士

在灯具的日常使用中，也要注意灯具的清洁和维护。首先必须在标准电压以及频率下使用灯具，以免发生触电事故；其次在更换灯具、拆卸灯罩等时，一定要切断电源，安全最重要；第三灯具有灰尘的位置不能用湿抹布擦洗，建议用干燥的布或者鸡毛掸子来清除灰尘；第四不要在有煤气、蒸汽等危险物的场所修理灯具，要在一般场所进行，一般要保证操作的安全性。

第1章 照明概述
第2章 光与电的关系
第3章 照明灯具
第4章 照明量计算
第5章 照明与设计
第6章 直接与间接照明
第7章 艺术照明
第8章 照明案例赏析

3.美观

灯具设计不能将美观放在第一位，任何一件产品，只考虑美观，而不注意实用和经济，仅变成单纯的装饰品，没有实用价值，只适合极少数人的需要，那就没有生产的必要了。只有既实用、经济又美观大方的产品，才有生命力，才能既满足了人们的使用要求，又满足了人们的审美要求。很显然，只注意实用、经济问题，根本不考虑美观的问题，也是不会受到消费者欢迎的。某些外销产品，可以多注意一下美观问题，但是也不能忽略成本核算。

灯具的美观性是设计必须要考虑的一点，仿生设计是不可忽视的一种方法，现在很多产品都运用到仿生设计，仿生设计能够给予设计师更多的灵感，也能使灯具更具魅力。

↑此处灯具的灯罩由木质框架组成，搭配暖黄色的灯光，别有一番风采，比较适用于情调比较别致的艺术餐厅。

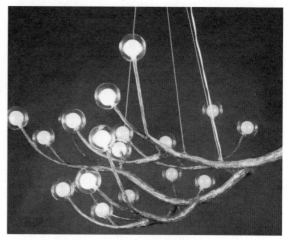

↑此处艺术吊灯以树木的枝丫为原型，在每一个枝丫上设置了LED球泡灯，十分经济，同时灯光投射在枝丫上，所形成的光影极具艺术气息，创造力十足。

↑此处台灯灯罩上有各种花纹孔洞，灯光透过这些孔洞射出，不仅在灯罩上形成美妙的光影图案，同时也使得光线愈加柔和。

↑此处艺术台灯灯罩上绘有斑驳的花纹，触感非常好，同时一部分光线从灯罩内照射向四方，一部分光线则从灯罩下方射向桌面，使得照明比较均匀。

4.环保

社会的发展以及科学技术的进步，代表着过去走向现代发展的钢筋混凝土等材料已经不能满足人们的需求。都市快节奏的生活让人们越发地渴望与自然亲近接触，以此来慰藉浮躁的心灵，放松疲惫的身躯，能够寻找到内心的平和。

环保、节能已经成为当今所有产品的主攻方向，灯具行业自然也是如此。环保和节能是灯具产品发展的潮流，天然材料和可回收材料，在今天的照明设计中得到广泛应用。市场上越来越多地出现如用天然石材生产的枝形吊灯、顶棚吊灯、筒灯等以及石质灯罩、竹编灯罩、台灯陶瓷底座等环保灯饰产品。灯具的设计也越来越趋向简单化、高雅化，设计师应该更多地考虑灯具的节能环保，并努力创造一个能够长久存在的优质照明环境。

↑此处LED台灯利用磁力设计，上下两个圆盘大小相同，一个是控制灯光的底座，另一个则是节能护眼的LED灯盘，而且非常节能，同时兼具了美观性。

↑此处灯具将照明与植物完美结合，一方面具备了美观性，另一方面也具备深厚的环保意义，同时照明选用的LED灯也比较节能。

↑此处台灯选用了废弃的酒瓶和通过热弯成型的木材共同组成了一个兼具美观性与环保性的灯具。这件灯具也是呼吁公众可以更多地关注我们生存的环境。

↑此处玻璃灯俗称为LED光管、LED荧光灯管、LED荧光灯，其光源采用LED作为发光体，光效比较高，对环境的污染小。

第1章 照明概述
第2章 光与电的关系
第3章 照明灯具
第4章 照明量计算
第5章 照明与设计
第6章 直接与间接照明
第7章 艺术照明
第8章 照明案例赏析

环保灯具

3.3 常见灯具

依据不同的特性，可以将灯具分类，下面主要介绍生活中会见到的一些灯具，这也是作为一个照明设计师必须要了解清楚的知识。

1.按照光源属性分类

人工光源中，最为常用也最重要的为电光源。按其工作原理一般可以分为两大类：一是固体发光光源，如白炽灯、半导体发光器（LED）等；二是气体放电光源，主要种类有荧光灯、高压汞灯、高压钠灯、金属卤化物灯、霓虹灯等；第三代光源即利用荧光粉发光的灯具如荧光灯；第四代光源即利用固态芯片发光的灯具如LED灯。半导体发光器（LED）光源因其低功耗、省电、稳定性高、使用寿命长，在许多地方已经取代以前利用惰性气体放电的霓虹灯，成为装点城市夜景的重要工具。

（1）白炽灯

白炽灯又称电灯泡，主要由玻壳、灯丝、导线、感柱、灯头等组成，是一种透过通电，利用电阻将细钨丝加热至白炽，用来发光的灯。白炽灯外围由玻璃制造，把灯丝保持在真空中，或低压惰性气体下，作用是防止灯丝在高温的作用下氧化。

（2）钠灯

钠灯是利用钠蒸气放电产生可见光的电光源。钠灯分为低压钠灯和高压钠灯，低压钠灯的工作蒸气压不超过几个帕，低压钠灯的放电辐射集中在589.0nm和589.6nm的两条双D谱线上，它们非常接近人眼视觉曲线的最高值（555nm），故其发光效率极高。高压钠灯的工作蒸气压大于0.01MPa。高压钠灯是针对低压钠灯单色性太强，显色性很差，放电管过长等缺点而研制的，钠灯同其他气体放电灯一样，工作是弧光放电状态。

↑白炽灯优点是光源小，具有种类极多的灯罩形式，通用性大，彩色品种多，漫射等多种形式，光色和集光性能很好；缺点是使用寿命短，发光效率低。

↑高压钠灯广泛应用于道路、高速公路、机场、码头、车站、广场、街道交汇处、工矿企业、公园、庭院的照明以及植物栽培等的照明。

（3）荧光灯

荧光灯分为传统型荧光灯和无极荧光灯，传统型荧光灯即低压汞灯，是利用低气压的汞蒸气在通电后释放紫外线，从而使荧光粉发出可见光的原理发光，因此它属于低气压弧光放电光源。无极荧光灯即无极灯，它取消了传统荧光灯的灯丝和电极，利用电磁耦合的原理，使汞原子从原始状态激发成激发态，其发光原理和传统荧光灯相似，有寿命长、光效高、显色性好等优点。

（4）LED灯

LED即发光二极管，它是一种半导体发光器，是利用固体半导体芯片作为发光材料，当两端加上正向电压，半导体中的载流子发生复合引起光子发射而产生光。LED可以直接发出红、黄、蓝、绿、青、橙、紫、白色等可见光。

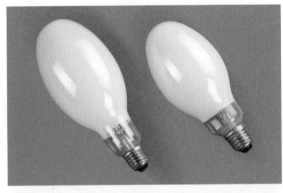

↑荧光灯优点是发光效率高，使用寿命长，光线柔和、光色宜人，能产生良好的心理效应，能装饰家居生活。

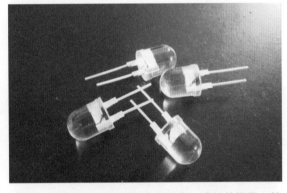

↑第一个商用二极管产生于1960年，它的结构是一块电致发光的半导体材料，置于一个有引线的架子上，起到保护内部芯线的作用，所以LED的抗振性能好。

↑此处LED软灯带可以适用于不同造型的室内顶棚，同时还具备有不同光色，可以很好地装饰家居生活，为其增添光彩。

→此处LED吸顶灯广泛运用于阳台、卧室等室内空间，一方面比较节能，另一方面也能为起居生活提供足够的亮度。

第1章 照明概述
第2章 光与电的关系
第3章 照明灯具
第4章 照明量计算
第5章 照明与设计
第6章 直接与间接照明
第7章 艺术照明
第8章 照明案例赏析

2.按照形态布置分类

在环境空间中，常常按灯具的形态和布置方式进行分类，主要可以分为吊灯、台灯、落地灯、立灯、吸顶灯、暗灯、壁灯、筒灯、射灯以及发光顶棚，根据灯具的不同特点，可以选择适合的灯具来为不同空间进行照明。

（1）吊灯

将灯具进行艺术处理，使之具有各种样式，满足人们对美的要求，最常见的是吊灯。选择吊灯时，应注意不同层高的房间的差别，高度较大的厅堂适合吊灯，若房间较矮，常采用吸顶灯或暗灯。吊灯是吊装在室内顶棚上的高级装饰用照明灯，所有垂吊下来的灯具都归入吊灯类别。

↑吊灯适合于客厅、卧室、走廊以及酒店等大堂。一般较美丽的吊灯通常都有较复杂的造型和灯罩。

←室内环境如果潮湿多尘，灯具容易生锈、掉漆，灯罩则因蒙尘而日渐昏暗，吊灯明亮度平均一年会降低约20%，长久如此，吊灯会变得昏暗无光彩。

吊灯用于客厅、卧室、餐厅、走廊、酒店等大堂时，可以分为用于居室的单头吊灯和多头吊灯两种，前者多用于卧室、餐厅，后者宜装在客厅里。吊灯的安装高度，其最低点应离地面不小于2.2m，而对于大面积和条带形照明，多采用吊杆悬吊灯箱和灯架的形式。

大的吊灯安装于结构层上，如楼板、屋架下弦和梁上，小的吊灯常安装在吊顶格栅上。无论单个吊灯或组合吊灯，都由灯具厂一次配套生产，所不同的是，单个吊灯可直接安装，组合吊灯要在组合后安装或安装时组合。欧洲古典风格的吊灯，灵感来自古时人们的烛台照明方式，那时人们都是在悬挂的铁艺上放置数根蜡烛。如今很多吊灯设计成这种款式，只不过将蜡烛改成了灯泡，但灯泡和灯座还是蜡烛和烛台的样子。市场上的欧洲古典风格水晶灯大多由仿制的水晶制成，但仿水晶所使用的材质不同，质量优良的水晶灯是由高科技材料制成，而一些以次充好的水晶灯大多以塑料充当仿水晶的材料，光影效果自然很差。

由于吊灯装饰华丽，比较引人注目，因此吊灯的风格直接影响整个客厅的风格。带金属装饰件、玻璃装饰件的欧陆风情吊灯富丽堂皇，木制的中国宫灯与日本和式灯具富有民族气息，以不同颜色玻璃罩合成的吊灯美观大方，珠帘灯具给人以兴奋、耀眼、华丽的感觉，而以飘柔的布、绸制成灯罩的吊灯则给人一种清丽怡人柔和温馨的感觉。

下面以家居客厅为例，介绍几种选择装饰灯具的方法。

1）从外形与档次考虑。在选购装饰灯具的外形和档次时，除了要考虑到和客厅氛围相和谐外，还要争取雅致，力求奢华。客厅是家庭的门面，装饰灯具太普通可能展现不出装饰情调，太豪华则可能让来访的人有过多的心理压力，放不开手脚。

2）从局部照明考虑。客厅装饰灯具除了吊灯之外还可以用落地灯、壁灯等，其使用和点缀的效果都能达到相应的要求。看电视与休闲阅读一般选购落地灯比较适合。

3）从总体照明考虑。从总体照明方面考虑选购客厅装饰灯具可使用顶灯，通常可在房屋的中间装一盏单头或多头的吊灯当作主体灯，客厅装饰灯具能营造稳重大方、温暖热烈的气氛，让客人有回到自己家的贴切感。

装饰
灯具

第1章 照明概述

第2章 光与电的关系

第3章 照明灯具

第4章 照明量计算

第5章 照明与设计

第6章 直接与间接照明

第7章 艺术照明

第8章 照明案例赏析

↑在选购客厅装饰灯具时要考虑到客厅主体照明不仅不能太暗，也不可以太刺眼和眩目。当客厅人少的时候，可关掉主体照明灯，另外开启一盏壁灯。

↑从房间局部照明的角度来考虑，看电视和阅读的时候最好关掉顶灯，这样打开落地灯不仅不会刺眼，而且还能让房间的整个环境更加宁静和雅致。

💡 图解小贴士

习惯在客厅活动者，客厅空间的立灯、台灯适宜以装饰为主，功能性为辅。立灯、台灯是搭配各个空间的辅助光源，为了便于与空间协调搭配，造型太奇特的灯具不适宜。房间较高的，宜用3～5支的白炽吊灯，或一个较大的圆形吊灯，这样可使客厅显得富丽堂皇。但不宜用全部向下配光的吊灯，而应使上部空间也有一定的亮度，以缩小上下空间亮度差别。房间较低的，可用吸顶灯加落地灯，这样客厅便显得明快大方，具有文明感。

台灯功能

（2）台灯

台灯一般有两种，工艺用台灯和书写用台灯，前者装饰性较强，后者功能性较强。在选择台灯时应注意区别，充分考虑台灯的使用目的。台灯罩多用纱、绢、羊皮纸、胶片、塑料薄膜和宣纸等材料来制作。总的来说，台灯的使用要求不产生眩光，灯罩不宜用深色材料制作，放置要稳定安全，开关方便，可以任意调节明暗。

↑此处茶几台灯的光亮照射范围相对比较小和集中，因而不会影响到整个房间的光线，作用局限在台灯周围，便于阅读、学习，也能节省能源。

↑此处床头台灯光线比较温和，灯罩颜色比较浅，与卧室内整体装修色调一致，也不会产生眩光，可以用于睡前阅读的照明。

台灯是人们生活中用来照明的一种家用电器，它的功能是把灯光集中在一小块区域内，便于工作和学习。阅读台灯灯体外形简洁轻便，专门用来看书写字，这种台灯一般可以调整灯杆的高度、光照的方向和亮度，主要是照明阅读功能。装饰台灯外观豪华，材质与款式多样，灯体结构复杂，用于点缀空间效果，装饰功能与照明功能同等重要。

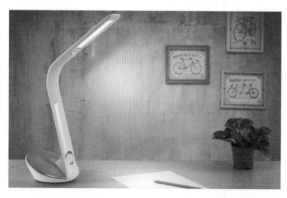

↑一般台灯用的灯泡是白炽灯泡、节能灯泡，市面上还有流行的护眼台灯，此处台灯还有"应急功能"，即自带电源，可用于停电时照明应急。

↑台灯除了阅读、装饰外，最新出品的高科技台灯还像机器人一样会动，会跳舞，能够自动调光、播放音乐，此处台灯就具有时钟、触摸等功能。

灯饰在生活中扮演着不一般的角色。黑夜里，灯光是精灵，是温馨气氛的营造能手。透过光影层次，让空间更富生命力；白天，灯具化为居室的装饰艺术，它和家具、布艺、装饰品一起点缀着生活的美丽，灯具在居室空间中扮演着举足轻重的角色。常见的台灯主要有铁艺台灯、水晶台灯、亚克力台灯以及树脂台灯、陶瓷台灯、玉石台灯等，不同的台灯价格也相对不同，下图列举几种不同台灯的优缺点。

此外还有木艺台灯，木艺台灯造型比较古朴、简单，比较适合中式装修，价格也比较适中，但木艺台灯容易损坏，使用时要小心。

↑铁艺台灯非常时尚，设计比较贴合时代，富有现代气息，造型也比较多样，适合装修百搭，价格低廉，但容易生锈。

↑水晶台灯比较适合豪华装修的空间，造型比较美观，非常有档次，外形尺寸大，厚重豪华，但水晶台灯容易碎，价格也比较高。

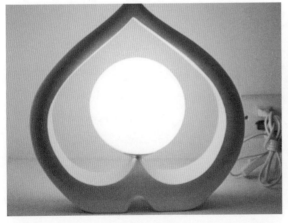

↑树脂台灯比较适合欧式风格装修，灯体结构复杂，款式高贵优雅，但使用时间过久容易褪色，价格相对比较高。

↑陶瓷台灯造型美观，艺术感强，具有浓厚的古典气息，款式多样，观赏性强，经久耐用，价格适中，和水晶台灯一样易碎。

第1章 照明概述

第2章 光与电的关系

第3章 照明灯具

第4章 照明量计算

第5章 照明与设计

第6章 直接与间接照明

第7章 艺术照明

第8章 照明案例赏析

（3）落地灯

落地灯主要用于起居室或客厅、书房，作为阅读书报或书写时的局部照明。落地灯也用在工业作业上，一般多靠墙放置，或放在沙发侧后方500～750mm处。落地灯在结构上要安全稳定，不怕轻微的碰撞，电线要稍长些，以便适应临时改变位置的需要，此外，还要求能根据需要随意调节灯具的高度、方位和投光角度。

落地灯支架和底座的制作和选择一定要与灯罩搭配好，不能有"小人戴大帽"或者"细高个子戴小帽"的比例失调之感。墙角灯也属于落地灯，它像一只加大尺寸的台灯，只不过是增加了一个高底座。落地灯高度一般为1200～1300mm，可以调节高度或灯罩角度者最佳。落地灯的造型与色彩要与客厅的家具摆设相协调。

→落地灯的罩子，要求简洁大方、装饰性强，筒式罩子较为流行，华灯形、灯笼形也较多用。落地灯的支架多以金属或是利用自然材料制成。

↓从功能上看墙角灯与落地灯相同，从造型上看，墙角灯似乎更稳重典雅，它常常以瓶式、圆柱式的座身，配以伞形或筒形罩子，用于沙发或家具转角处。

↑配有沙发的客厅，可以在沙发后面装饰一盏落地灯，既能保证自己读书的需要，还不会影响家人看电视。

↑此处落地灯可以调整灯的高度，能改变光圈的直径，从而控制光线的强弱，营造一种朦胧的美感，将落地灯的光线往上打，还可以用作背景照明。

（4）吸顶灯

一般紧贴在顶棚上的灯具都统称为吸顶灯，顾名思义是由于灯具上方较平，安装时底部完全贴在屋顶上所以称之为吸顶灯。光源有普通白炽灯、荧光灯、高强度气体放电灯、卤钨灯、LED灯等。目前市场上最流行的吸顶灯就是LED吸顶灯，是家庭、办公室、文娱场所等各种场所经常选用的灯具。功率和光源体积较大的高强度气体放电灯主要用于体育场馆、大卖场及厂房等层高在4～9m等场所的照明。为了既能为工作面取得足够的高度，同时又能省电，荧光吸顶灯通常是家居、学校、商店和办公室照明的首选。

（5）暗灯

放在顶棚里的灯具称为暗灯。在顶棚上做一些线脚和装饰处理，与灯具相互合作，可形成装饰性很强的照明环境。灯和建筑物顶棚的装修相互结合，可形成和谐美观的统一体。由于暗灯的开口位于顶棚里，所以顶棚较暗。而吸顶灯凸出于顶棚，有部分光射向顶棚，就增加了顶棚的亮度，降低灯与顶棚的亮度差，两者综合运用有利于调整房间的亮度比。

↑不同光源的吸顶灯适用的场所各有不同，如使用普通白炽灯、荧光灯的吸顶灯主要用于居家、教室、办公楼等空间层高为4m左右场所的照明。

↑此处吊顶处的暗灯与灯带相互结合，有效地防止了眩光的产生，同时也能降低灯具与周边环境的亮度比，便于营造更舒适的照明环境。

（6）壁灯

壁灯是安装在墙上的灯，用来提高部分墙面亮度，主要以本身的亮度和灯具附近表面的亮度在墙上形成亮斑，以打破大片墙的单调气氛。壁灯对室内照度的增加不起太大作用，故常用在一大片平坦的墙面上或镜子的两侧。壁灯的种类和样式较多，一般常见的有墙壁灯、变色壁灯、床头壁灯、镜前壁灯等。墙壁灯多装于阳台、楼梯、走廊过道以及卧室，适宜做长明灯；变色壁灯多用于节日、喜庆之时采用；床头壁灯大多数都是装在床头的左上方，灯头可万向转动，光束集中，便于阅读；镜前壁灯多装饰在盥洗间镜子附近使用。壁灯安装高度应略超过视平线1.8m高左右。壁灯的照明度不宜过大，这样更富有艺术感染力，壁灯灯罩的选择应根据墙色而定，白色或奶黄色的墙，宜用浅绿、淡蓝色的灯罩，湖绿或淡天蓝色的墙面，宜用乳白色、淡黄色或茶色的灯罩。

第1章 照明概述
第2章 光与电的关系
第3章 照明灯具
第4章 照明量计算
第5章 照明与设计
第6章 直接与间接照明
第7章 艺术照明
第8章 照明案例赏析

连接壁灯的电线要选用浅色,便于涂上与墙色一致的涂料以保持墙面的整洁。另外,可先在墙上挖一条正好嵌入电线的小槽,把电线嵌入,用石灰填平,再涂上与墙色相同的涂料。在大面积一色的底色壁布上点缀一盏显目的壁灯,也会给人一种幽雅清新之感,使人放松,心情愉悦。下面介绍不同空间内的壁灯。

　　1)**客厅壁灯**。客厅配有落地灯在沙发旁边时,沙发侧面茶几上再配上装饰性工艺台灯,如果在附近墙上再安置一盏较低的壁灯,这样效果就更好了,不仅看书、读报时有局部照明,而且在会客交谈时还增添了亲切和谐的气氛。

　　2)**卧室壁灯**。卧室光线以柔和、暖色调为主,可用壁灯、落地灯来代替室内中央的顶灯。床头柜上可用子母台灯,如果是双人床,还可在床的两侧各安一盏配上调光开关的壁灯,以便其中一人看书报时另一人不受光的干扰。对于插座,应合理预留,一般距离地面800mm以下,以免影响美观。

↑此处客厅在电视机后部墙上装有两盏小型壁灯,光线比较柔和,有利于保护视力,同时也为客厅提供了局部照明。

↑壁灯宜用表面亮度低的漫射材料灯罩,假若在卧室床头上方的墙壁上装一盏茶色刻花玻璃壁灯,整个卧室立刻就会充满古朴、典雅、深沉的韵味。

　　3)**餐厅壁灯**。餐厅壁灯宜用外表光洁的玻璃、塑料或金属材料的灯罩,以便随时擦洗,而不宜用织、纱类织物灯罩或造型繁杂、有吊坠物的灯罩。光源宜采用黄色荧光灯或白炽灯,灯光以热烈的暖色为主。如果在附近墙上适当配置带暖色色彩的壁灯,则会使宴请客人时气氛更热烈,并能增进食欲。

　　4)**盥洗间壁灯**。浴室是一个使人身心放松的地方,因此要用明亮柔和的光线均匀地照亮整个浴室。面积较小的浴室,只需安装一盏顶棚灯就足够了;面积较大的浴室,可以采用发光顶棚漫射照明或采用顶灯加壁灯的照明方式。盥洗间宜用壁灯代替顶灯,这样可避免水蒸气凝结在灯具上影响照明和腐蚀灯具。用壁灯作浴缸照明,光线融入浴池,散发出温馨气息,令身心格外放松。但要注意,此壁灯应具备防潮性能。

↑此处壁灯用于卫生间的梳妆镜前，可以有效地为使用者洗漱提供足够的照明，要注意选购防潮性能达标的壁灯。

←此处餐厅壁灯状似蜡烛，灯光为暖光，整体光线比较柔和，能够增强餐厅的用餐氛围。

现代的照明已不再仅仅局限于过去的"一室一灯"，如何把用于泛光照明的吊灯、吸顶灯以及用于局部照明和特殊照明的壁灯、台灯、落地灯等合理地搭配起来，创造更科学化的照明作品，营造出不同情调的舒适宜人的光照空间，已经成为现代新兴人类的重要要求。而壁灯，在其中扮演着越来越重要的角色。

（7）筒灯

筒灯一般是在一个灯头上直接安装发光灯泡的灯具。筒灯是一种嵌入到顶棚内光线下射式的照明灯具，它的最大特点就是能保持建筑装饰的整体统一与完美，不会因为灯具的设置而破坏顶棚艺术的完美统一。这种嵌装于顶棚内部的隐置型灯具，所有光线都向下投射，属于直接配光。可以用不同的反射器、镜片、百叶窗、灯泡，来取得不同的光线效果。

↑筒灯一般在酒店、家庭、咖啡厅使用较多，有大（直径127mm）、中（直径100mm）、小（直径63mm）三种，都按英寸计算，又分为暗装筒灯与明装筒灯。

↑筒灯不占据空间，可以增加空间的柔和气氛，如果想营造温馨的感觉，可试着装设多盏筒灯，减轻空间压迫感。

第1章 照明概述
第2章 光与电的关系
第3章 照明灯具
第4章 照明量计算
第5章 照明与设计
第6章 直接与间接照明
第7章 艺术照明
第8章 照明案例赏析

筒灯的优势和特色很明显，首先筒灯紧凑而光通量高，筒灯的消耗电能是白炽灯的1/3，寿命却是白炽灯的6倍，外形保持紧凑设计，抑制了灯具的存在感，创造出了明亮的空间；其次筒灯有镜面和磨砂的两种反射板，即带来闪烁感的镜面反射板和以适度的灰度来调和顶棚的磨砂型反射板；第三筒灯采用了滑动固定卡，施工方便，筒灯可以安装在3~25mm的不同厚度的顶棚上，维修时可很方便地将灯具拆下。

↑用筒灯来做灯具，安装容易，不占用地方，大方、耐用，通常使用寿命在五年以上，款式不容易变化，价格也便宜。

↑筒灯主要适用于大型办公室、会议室、百货商场、专卖店、实验室、机场以及其他一些民用居室，亮度比较高。

筒灯在选择与安装时要注意打开筒灯包装后应立即检查产品是否完好，出现非人为或者说明书规定要求内所造成的故障，可退零售商或直接退还于厂家更换；安装前切断电源，确保开关处于闭合状态，防止触电，筒灯点亮后，手请勿触摸灯表面。

此外筒灯应该避免安装在热源处及热蒸汽、腐蚀性气体的场所，以免影响寿命；在使用筒灯前要根据安装数量确认好适用电源；要安装于无振动，无摇摆，无火灾隐患的平坦地方，注意避免高处跌落、硬物碰撞、敲击；如长期停用，筒灯应存放在阴凉、干燥、洁净的环境中，禁止在潮湿、高温或易燃易爆场所中存放和使用。

（8）射灯

射灯是一种小型聚光灯，常常用于突出展品、商品或陈设装饰品，射灯的尺寸一般都比较小巧，颜色丰富，在结构上，射灯都有活动接头，以便随意调节灯具的方位与投光角度。因为造型玲珑小巧，非常具有装饰性。

射灯可安置在顶棚四周或家具上部、墙内、墙裙或踢脚线里。光线直接照射在需要强调的家什器物上，以突出主观审美作用，达到重点突出、环境独特、层次丰富、气氛浓郁、缤纷多彩的艺术效果。

 图解小贴士

射灯对空间、色彩、虚实感受都十分强烈而独特，射灯色彩丰富，颜色多种，可满足各种色彩照明，但过多安装射灯，会形成光的污染，很容易造成安全隐患，难以达到理想效果。

↑射灯一般多以各种组合形式置于装饰性较强的地方，从细节中体现情趣，因其属装饰性灯具，在选择时应着重在外形和所产生的光影效果上。

↑射灯光线比较柔和，有些射灯还能够表现雍容华贵的空间氛围，既可以对整体照明起主导作用，又可以局部采光，烘托气氛。

此外，现代LED射灯的特点优势也非常明显，下面列表详细说明。

LED射灯的特点优势	
特点	优势
节能	同等功率的LED射灯耗电仅为白炽灯的10%，比荧光灯还要节能
寿命长	LED灯珠可以工作5万h，比荧光灯和白炽灯都长
可调光	以前的调光器一直是针对白炽灯的，白炽灯调暗时光线发红，很难见到荧光灯调光器，这是调光技术很多年没有发展的主要原因。现在LED灯可以调光了，并且无论是亮光还是暗光都是同样的颜色（色温基本不变），这一点明显优于白炽灯的调光
可频繁开关	LED射灯的寿命是按点亮时算的，即便开关数千次也不影响LED灯寿命，在需要频繁开关的场合，LED灯有绝对优势
颜色丰富	有正白光、暖白光、红、绿、蓝等各种颜色，无论是客厅里大灯旁用于点缀的小彩灯还是霓虹灯，都很鲜艳
发热量低	12V卤素射灯发热量虽低于220V的射灯，但又有因所配变压器功率不足等原因，其亮度达不到标准值。用LED射灯不用变压器也可以长时间工作

常用的射灯依据其外形以及照射方向的不同，主要可以分为下照射灯、轨道射灯以及冷光射灯，下面详细介绍这几种射灯。

1）**下照射灯**。可装于顶棚、床头上方、橱柜内，还可以吊挂、落地、悬空，分为全藏式和半藏式两种类型。下照射灯的特点是光源自上而下做局部照射和自由散射，光源被合拢在灯罩内，其造型有管式、套筒式、花盆式、凹形槽式及下照壁灯式等，可分别装于门廊、客厅、卧室等。

第1章 照明概述
第2章 光与电的关系
第3章 照明灯具
第4章 照明量计算
第5章 照明与设计
第6章 直接与间接照明
第7章 艺术照明
第8章 照明案例赏析

2）**轨道射灯**。大都用金属喷涂或陶瓷材料制作，有纯白色、米色、浅灰色、金色、银色、黑色等色调；外形有长形、圆形，规格尺寸大小不一。射灯所投射的光束，可集中于一幅画、一座雕塑、一盆花、一件精品摆设等，也可以照在居室主人坐的转椅后背，创造出丰富多彩、神韵奇异的光影效果。

射灯
差异

↑这种下照射灯可调节有限的照射角度，能满足大多数的照明需求。

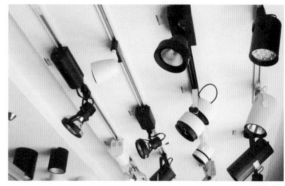

↑轨道射灯可用于客厅、门廊或卧室、书房，可以设一盏或多盏，路轨装于顶棚下150～300mm处，也可装于顶棚一角靠墙处。

3）**冷光射灯**。是指射灯配以色温6500K以上的光源，灯具配光投射角精准，不会产生光污染，光效高，节能省电，寿命长，无频闪，使人的眼睛不会产生疲劳，显色性好，能展现出商品的细致工艺与真实色彩。

↑冷光射灯不会对所照射的物品产生热辐射，同时能够确保商品不受热伤害，主要用于珠宝专柜的珠宝照明。

↑此处为橱窗冷光射灯，功率为1W，色温在6500K以上，显色指数为855，现在使用频率较高，多用于商店内商品照明。

从远处的外观来上来看，筒灯和射灯很相似，但是两者有本质上的区别，在光源、灯具应用位置、价格以及灯具的安装位置都会有不同（见下表）。

筒灯和射灯的区别对比		
对比项目	筒灯	射灯
光源	传统筒灯一般装白炽灯泡，也可以装节能灯。光源方向是不能调节的。光源相对于射灯要柔和	传统射灯用的是石英灯泡或灯珠，大型的射灯会用钠灯泡。射灯的光源方向可自由调节，光源集中
应用位置	暗装筒灯安装在顶棚内，一般顶棚需要在150mm以上才可以装，明装筒灯在无顶灯或吊灯的区域	可以分为轨道式、点挂式和内嵌式等多种。内嵌式的射灯可以装在顶棚内。射灯主要用于需要强调或表现的地方，如电视墙、挂画、饰品等，可以增强效果
价格	较便宜	便宜
安装位置	嵌入到顶棚内光线向下照射式的照明灯具。筒灯不占据空间，可增加空间的柔和气氛	主要安装在顶棚四周或家具上部，或者置于墙内、墙裙或踢脚线里，用来突出层次感、制造气氛

（9）发光顶棚

发光顶棚是为获得稳定的照明条件，模仿天然采光的效果而设计的，主要是以顶部采光为目的，可以通过对发光顶棚的造型做稍许的改动或者在顶棚处添加其他装饰物，以此来更好地营造空间氛围。在玻璃顶棚至天窗间的夹层里装灯，便构成了发光顶棚，其构造方法有两种：一是把灯具直接安装在平整的楼板下表面，再用钢框架做成顶棚的骨架，铺上某种扩散透光材料；二是使用反光罩，使光线更集中地投到发光顶棚的透光面上。

↑此处发光顶棚造型简单，使用耐久性强，能够有效地将顶棚处的设备管线和结构构件隐蔽，同时也能很好地改善室内的照明环境。

↑此处发光顶棚造型多样，富有曲线感，灵活性比较大，能够有效地提高整个空间内的装饰效果，但技术要求比较高，难度较大。

第1章 照明概述
第2章 光与电的关系
第3章 照明灯具
第4章 照明量计算
第5章 照明与设计
第6章 直接与间接照明
第7章 艺术照明
第8章 照明案例赏析

3.4 LED灯

20世纪60年代，科技工作者成功地研制出了发光二极管（LED）。当时研制的LED，所用的材料是磷砷化镓，其发光颜色为红色。经过近30年的发展，大家十分熟悉的LED，已能发出红、橙、黄、绿、蓝等多种色光，然而照明需用的LED白色光在2000年后才发展起来。LED光源应用广泛，它可以做成点、线、面各种形式的轻薄短小产品，同时只要调整电流，就可以随意调节LED的亮度。LED不同光色的组合，更使得最终的照明效果愈加丰富多彩。

1.LED光通量测量方法

LED灯具通过其光通量的变化，光照强度也随之变化，下面介绍LED光通量的测量方法。

1）积分光度法。即采用积分球与光度计测试光通量。

2）光谱光度法。即采用积分球与光谱仪测试光通量。

以上两种方法适用于4π发光光源，即全空间都有光线，如：白炽灯、节能灯、荧光灯管灯，这样测试的准确度高。若测试对象为2π发光光源，如：路灯、筒灯、顶棚灯、射灯等灯具，在积分球内部时，由于灯具本身体积大的问题及光束宽度窄的问题，导致测试的光通量误差会比较大，所以测量2π灯具时，一般会采取辅助灯修正法或侧面开孔积分球的2π测试方法。该种方法测试时间短，500ms即可，测试设备是积分球测试设备。

3）变角光度法。即采用分布光度计测试光通量，采用不断改变测试的角度，完成一个4π光源或2π灯具的全空间测试，测试时间较长，一般情况不低于30min，测试设备是分布光度计。

因此，测量4π发光的光源光通量，建议使用光谱光度法，这样测试出来的结果也不失准确性，并且快捷；若是测量2π发光的灯具光通量，建议使用变角光度法，这样测试准确，也能避免灯具自身对环境的影响。

 图解小贴士

人的眼睛中用来接收光的组织称为视网膜，若光源中的400～500 nm蓝光波段亮度过高，眼睛长时间直视光源后可能引起视网膜的光化学损伤。这种损伤主要分为两类：蓝光直接与视觉感光细胞中的视觉色素反应所产生的损伤，以及蓝光与视网膜色素上皮细胞中的脂褐素反应所引发的损伤。

人类是在太阳系里进化出来的，根据黑体辐射的维恩位移定律，可计算出太阳光中心波长在550nm左右，而蓝光LED中心波长是465nm，偏离了太阳光的中心波长，所以从进化论角度来说，人类的眼睛不能接受"过量"蓝光。

第1章 照明概述
第2章 光与电的关系
第3章 照明灯具
第4章 照明量计算
第5章 照明与设计
第6章 直接与间接照明
第7章 艺术照明
第8章 照明案例赏析

LED光源发光效率较高。白炽灯光效为10~15lm/W，卤钨灯光效为12~24lm/W，荧光灯为50~90lm/W，钠灯为90~140lm/W，大部分的耗电变成热量损耗。LED光效可达到50~200lm/W，而且发光的单色性好，光谱窄，无需过滤，可直接发出有色可见光。

LED光源耗电量也比较少。LED单管功率为0.03~0.06W，采用直流驱动，单管驱动电压是1.5~3.5V。电流为15~18mA，反应速度快，可在高频操作，用在同样照明效果的情况下，耗电量是白炽灯的0.1%，荧光管的50%。

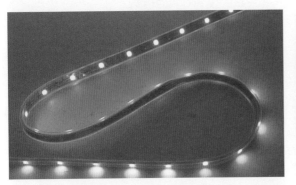

↑LED光源发热量低、无热辐射性、冷光源、可以安全触摸，能精确控制光型及发光角度、光色，无眩光、不含汞、钠等可能危害人类健康的元素。

↑LED灯运用广泛，例如西点店、食品店等都有LED灯的身影，在使用LED灯时要注意防止过电冲击，并且要做好散热系统，以免损坏LED灯。

优势特点

与其他类型的灯具相比，LED光源使用寿命较长。白炽灯、荧光灯、卤钨灯是采用热辐射发光，灯丝发光易热，有热沉积、光衰减等特点，而采用LED灯体积小，重量轻，环氧树脂封装，可承受高强机械冲击和振动，不易破碎，平均寿命达3~5万h，LED灯具使用寿命可达3~5年，可以大大降低灯具的维护费用，避免经常换灯之苦。

同时LED光源也有利于环保。LED为全固体发光体，耐冲击不易破碎，废弃物可回收，没有污染，能够大量减少二氧化硫及氮化物等有害气体以及二氧化碳等温室气体的产生，大大地改善了人们生活居住环境，可称为"绿色照明光源"。LED光源也更节能，而且安全可靠性强，可触摸，不会对人体产生坏的影响。虽然LED光源要比传统光源昂贵，但是仅用一年时间的节能就能够收回光源的投资。

图解小贴士

生产白光LED技术目前有三种：第一种是利用三基色原理和已经能生产的红、绿、蓝三种超高亮度LED按光强3：1：6比例混合而成白色；第二种是利用超高度蓝色LED，再加上少许的钇铝石榴石为主体的荧光粉进行混合，它能在蓝光激发下产生黄绿光，而黄绿光又可与透出的蓝光合成白光；第三种是利用不可制的紫外光LED，采用紫外光激发三基色荧光粉或其他荧光粉，产生多色混合而成的白光。

2.LED灯应用范围

LED灯应用环境比较广，在许多场所都有用到，主要用于建筑物外观照明、标识与指示性照明、景观照明、室内空间展示照明、娱乐场所及舞台照明、车辆指示灯照明以及用于视频屏幕。

照明
范围

（1）建筑物外观照明

建筑物外观照明是指使用控制光束角的圆头和方头形状的投光灯具对建筑物某个区域进行投射。由于LED光源小而薄，线性投射灯具的研发无疑成为LED投射灯具的一大亮点。

↑LED灯安装便捷，可以水平放置也可以垂直方向安装，与建筑物表面能够更好地结合，也能创造更好的视觉效果。

↑许多建筑物没有出挑的地方放置传统的投光灯，LED灯的出现将对现代建筑和历史建筑的照明手法产生影响。

（2）标识与指示性照明

标识与指示性照明适用于需要进行空间限定和引导的场所，如道路路面的分隔显示、楼梯踏步的局部照明、紧急出口的指示照明，均可以使用表面亮度适当的LED自发光埋地灯或嵌在垂直墙面的灯具。

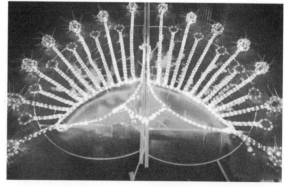

↑LED灯可以用作剧院观众厅内的地面引导灯或座椅侧面的指示灯，还有购物中心内楼层的引导灯等。

↑LED灯与霓虹灯相比，由于是低压，没有易碎的玻璃，不会因为制作中弯曲而增加费用，值得在标识照明设计中推广使用。

第1章 照明概述

第2章 光与电的关系

第3章 照明灯具

第4章 照明量计算

第5章 照明与设计

第6章 直接与间接照明

第7章 艺术照明

第8章 照明案例赏析

（3）景观照明

由于LED灯不像传统灯具光源多是玻璃泡壳，它可以与城市街道家具很好地有机结合。可以在城市的休闲空间如路径、楼梯、木栈道、滨水地带、园艺进行照明。

（4）室内空间展示照明

LED灯精确的布光可作为博物馆光纤照明的替代品，商业照明大都会使用彩色的LED灯，室内装饰性的白光LED灯结合室内装修为室内提供辅助性照明，暗藏光带可以使用LED灯，对于低矮的空间特别有利。

↑对于花卉或低矮的灌木，可以使用LED光源进行照明，其固定端可以设计为插拔式，依据植物生长的高度进行调节。

↑LED光源没有热量、紫外线与红外辐射，对展品或商品不会产生损害，与传统光源比较，灯具不需要附加滤光装置，照明系统简单，价格实惠。

（5）娱乐场所及舞台照明

由于LED的动态、数字化控制色彩、亮度和调光，活泼的饱和色可以创造静态和动态的照明效果。LED灯克服了金卤灯使用一段时间后颜色偏移的现象，与筒灯相比，没有热辐射，可以使空间变得更加舒适。LED灯所拥有的长寿命、高流明的维持值，与筒灯和金属卤化物灯的350~500 h的寿命相比，不仅降低了维护费用同时也减少了更换光源的频率。从白光到全光谱中的任意颜色，LED的使用在照明设计中已经开启了新的发展。

（6）车辆指示灯照明

车辆指示灯照明主要用于车辆道路交通LED导航信息显示，其中电力调度、车辆动态跟踪、车辆调度管理等，也在逐步采用高密度的LED显示屏起到指示灯照明作用，在城市交通、高速公路等领域，LED灯均可作为可变指示灯。

（7）视频屏幕

全彩色LED显示屏是户外大型显示装置，采用先进的数字化视频处理技术，有无可比拟的超大面积与超高亮度。屏幕上装有的LED灯可以根据不同的户内外环境，采用各种规格的发光像素，实现不同的亮度、色彩、分辨率，以满足各种用途。

空间照明

照明现象

↑LED洗墙灯适用于舞台投光、建筑物照明、广告牌照明、绿化景物照明、酒店照明以及酒吧、舞厅等娱乐场所气氛照明等。

↑LED投光灯主要用于大面积作业场所照明、建筑物轮廓照明、体育场照明、立交桥照明、纪念碑照明、公园照明以及花坛照明等。

3.LED特殊种类灯

（1）LED格栅灯

新式的LED格栅灯是以铝基板、LED灯贴片、PC透光灯片和格栅灯框架作为一体，充分利了了铝基板的热传导，与以往的老式荧光灯有所不同，适合安装在有顶棚的写字间，主要可以分为镜面铝格栅灯和有机板格栅灯，适合长时间、大功率的室内照明，是一款新型办公的节能灯珠。

镜面铝格栅灯的格栅铝片采用镜面铝，底盘采用优质冷轧钢板，钢板厚度一般为0.4~0.6mm，表面采用静电喷塑工艺处理，不易磨损、褪色，所有塑料配件均采用阻燃材料；有机板格栅灯采用进口有机板材料，底盘采用优质冷轧钢板，表面采用磷化喷塑工艺处理，所有塑料配件均采用阻燃材料。

格栅
灯光

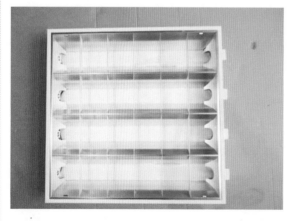

↑镜面铝格栅灯造型多样，深弧形设计使得镜面铝格栅灯的反光效果较之其他灯具要好，并且灯具本身不易褪色，也不易磨损。

↑有机板格栅灯透光性好，光线均匀柔和，防火性能好，符合环保要求，防腐性能好，不易磨损，也不易褪色。

（2）LED顶棚灯

LED顶棚灯是一种嵌入到顶棚内光线下射式的照明灯具，选择LED顶棚灯主要可以从以下几个方面来考虑，一是看灯具使用的散热器；二是看灯具的电源，也就是常说的变压器；三是了解灯珠的品牌和封装。了解这几点，有助于选到合适的LED顶棚灯。

（3）LED珠宝柜台灯

LED珠宝柜台灯属于可裁减灯条，亮度高，发热量少，每颗LED均为3个发光芯片独立工作，任何一颗损坏都不会影响其他LED的正常使用，寿命较长，平均寿命在8万h~10万h，安装也比较方便。

灯具种类

第1章 照明概述
第2章 光与电的关系
第3章 照明灯具
第4章 照明量计算
第5章 照明与设计
第6章 直接与间接照明
第7章 艺术照明
第8章 照明案例赏析

↑LED顶棚灯能保持建筑装饰的整体统一与完美，具有结构优点，且光源不会外露，不会刺激眼部皮肤，不会因为灯具的设置而破坏顶棚艺术的完美统一。

↑LED珠宝柜台灯的光源是冷光源，光色纯正，照射到珠宝及金银首饰上时可以起到很好的展示效果，主要适用于珠宝以及化妆品专柜的照明。

（4）LED冰箱灯

LED冰箱灯属于特殊照明装置，主要用于冰柜、展示柜等，LED冰箱灯代替了传统的36W的T8灯管和28W的T5灯管，这种新兴的照明装置多采用冷光源，可以有效地驱赶昆虫。根据展示柜、冷柜、岛柜等产品的特点，按照其产品的不同需求可对LED冰箱灯进行定制设计。LED冰箱灯使用也非常方便，安装简单，只需将LED冰箱灯安装在原有的冰箱灯支架上或直接安装在冰柜上需要安装的地方即可。LED冰箱灯与普通的荧光灯相比，相对更加实惠，在灯具的电能消耗上，LED冰箱灯基本上能节省50%的电费。

（5）LED数码管

LED数码管拥有独立的控制器，在户内、户外都可以使用，其方便好用的连接装置可将多个数码管连接，使用安装夹等辅助设备就可以很简单地对产品进行安装。LED数码管寿命也比较长，耗电量低，热量也较低。LED数码管可以均匀排布，形成大面积显示区域，可显示图案及文字，并可播放不同格式的视频文件；可以通过计算机下载flash、动画、文字等文件；也可以使用动画设计软件设计个性化动画，播放各种动感变色的图文效果。

↑LED冰箱灯不含汞等有毒元素，环保无污染，且节能省电，使用寿命长达30000h以上，广泛应用于风幕柜、点菜柜、展示柜以及冷柜等制冷场所。

↑LED数码管主要适用于建筑轮廓照明、灯柱照明、河道照明、楼梯照明、立交桥照明、大楼照明、KTV照明以及大桥照明等。

（6）LED埋地灯

LED埋地灯是采用不锈钢材料制成，防护等级结合了地下排水系统的安装，可长期稳定使用，同时LED埋地灯一体化的自配安装预埋筒，使得安装非常简单，主要适用于公园、广场、人行道、商场、私人别墅、花园、草地以及娱乐场所地板等局部区域的照明。

（7）LED节日灯

LED节日灯是采用优质高亮度全彩LED光源制成，经久耐用并且防水，光源色光有红、黄、绿、蓝、正白、暖白以及彩色，使用寿命为30000h，LED节日灯可实现多种颜色的转换，可以采用红外线遥控器控制，特别适合于需要各种色彩渲染的环境，同时也拥有跳变、渐变、声控等多种功能。

↑LED埋地灯的光源可采用标准小功率和大功率光源，做成红、黄、蓝、绿、白、七彩跳变以及渐变色，也可以做成各种带有图案的照明光源。

↑LED节日灯耗电量低、寿命长、亮度高、耐高温和低温、绿色环保，主要适用于婚庆背景布置、商厦、家居、咖啡厅、家庭等室内外灯光渲染照明。

第1章 照明概述

第2章 光与电的关系

第3章 照明灯具

第4章 照明量计算

第5章 照明与设计

第6章 直接与间接照明

第7章 艺术照明

第8章 照明案例赏析

（8）LED蜡烛灯

LED蜡烛灯因其外形与蜡烛火焰外形相似而得名，主要采用了大功率的高亮光源，底座采用铝合金，表面做氧化处理，内部具有特殊的通气结构设计，显色指数在90以上，光效在110lm/W以上，色温为2600～3200K。

（9）LED喷泉灯

LED喷泉灯又被称为LED水底灯，外形和有些地埋灯差不多，只是多了个安装底盘，底盘是用螺钉固定，单色常亮或红、绿、蓝组成混合颜色变化，可实现整体同步跳变或渐变色彩变幻，也可以实现各灯的群体控制，产生整体灯光变化的效果，主要用于游泳池、喷泉、河道、水下、水面以及水幕等区域的照明工程。

↑LED蜡烛灯重量轻、散热好、外形美观高档，光线为黄色柔和光，具有蜡烛火焰的视觉感，但没有危险性，可安心使用。

↑LED喷泉灯外观小而精致，美观大方，具有防水、防尘、防漏电以及耐腐蚀等特性，功耗相对较低，色彩纯正、无污染。

（10）LED墙角灯

LED墙角灯一般在室内安装时会距地0.3m，主要采用了高品质、高亮度的LED光源，使用寿命长、功耗低，无需因亮化、美化而付出高额电费，温升小、无辐射、故障率低，维护也十分方便，且具有防水、防尘、耐压和耐腐蚀等优秀的性能，安全性能也较高，具有红、黄、蓝、绿、白、七彩变色等色光。LED墙角灯是最理想的路面点缀与指示灯，一般医院病房均设置有墙角灯，光线比较柔和。

（11）LED隧道灯

LED隧道灯主要应用于隧道、车间、大型仓库、场馆、冶金及各类厂区、工程施工等场所大面积的泛光照明，也适用于城市景观、广告牌、建筑物立面等的美化照明，颜色主要有白、红、黄、绿、蓝、七彩高压以及七彩低压。

LED隧道灯拥有独特创新的模块化设计，每个模块是一个独立的光源且可互换，外观轻薄，使得灯体同时具有散热器和灯壳的功能，安全性也较高，无高压，可以有效抗尘。LED隧道灯采用了超高亮度的大功率LED光源来配合高效率电源，节能效果也非常显著。

↑LED墙角灯体积小，耗电量低，坚固耐用，主要适用于建筑物周围、台阶、人行道、娱乐场所、屋顶花园、城市广场、车辆通道、公园小径、雕塑、矮小树林、河流防护栏等区域的照明。

↑LED隧道灯除了用于隧道照明外，还可以用于大型商场照明、户外广告照明、城市广场照明、园林绿化照明以及大楼等局部区域的照明。

（12）LED瓦楞灯

LED瓦楞灯可以用于楼体亮化，主要由点光源组成，工作电压为220V，发光颜色主要包括红、绿、蓝、黄、白以及暖白光，适宜在-25～75℃的环境下工作，能够很好地渲染被照射物体的整体氛围，具备防水、防尘等性能。

（13）LED工矿灯

LED工矿灯的灯具外壳是由高强度压铸铝材料制作而成，表面做抗老化静电喷塑处理，自洁、抗腐蚀性都比较强。主要采用了高品质的LED光源，稳定性高，寿命长达2.5万h～5万h，显色性好，光亮稳定，不含铅、汞等污染元素，没有热辐射，对眼睛和皮肤无任何伤害。同时具有人性化结构设计，灯具安装与维护更轻松，适合多种应用场合需求。

→LED瓦楞灯发热量极低、耗电省、色彩鲜艳，适用于古建筑物、别墅小区、公园房顶、桥梁、高楼大厦以及公共场所等勾勒轮廓的照明。

→LED工矿灯功率消耗低、驱动特性好、响应速度快、抗振能力高、使用寿命长且绿色环保，装饰效果极佳，安装简单，拆卸方便，适用范围广。

不同用处

第1章 照明概述
第2章 光与电的关系
第3章 照明灯具
第4章 照明量计算
第5章 照明与设计
第6章 直接与间接照明
第7章 艺术照明
第8章 照明案例赏析

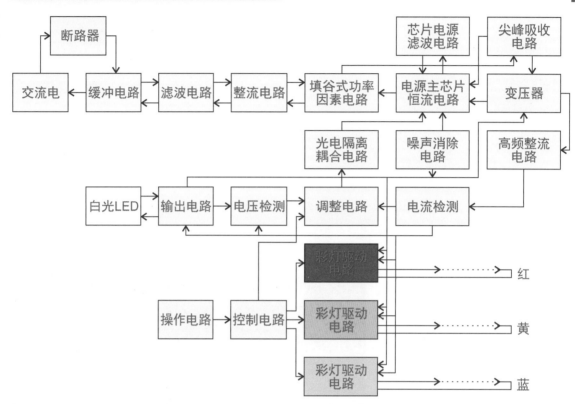

↑此处为LED灯具用于情景照明时的驱动电路原理框架图，在情景照明的照明设计中要顺应时代的要求，设计必须遵从高效率的原则，设计的驱动线路要以人为本，按需调亮，在不影响正常照明照度的同时，要能最大限度地节约能源，起到保护照明灯具的作用，同时也要具有调光节能的功能，能够在照度和节电率之间获得最佳平衡。

←LED情景照明，不但可以满足节电照明的需要，而且情景照明灯光多变的色彩也能使人产生各种不同感觉，通过改变灯光的颜色、对比度和亮度等，能够创造出我们所需的情景，也能在色彩的变化间营造出不同的季节风情以及不同的情景场面氛围。

→不同的色光，所能传递给人的情绪也不一样，不同的季节，所需的灯光效果也会有所不同，LED情景照明可以通过改变色光来满足人们能随时随心调节灯光色温、色调的需要，创造出一个能使人们更舒适的照明环境。

第4章
照明量计算

识读难度：★ ★ ★ ★ ★

核心概念：光通量、功率密度、照度值、系数

章节导读：

　　随着人们生活水平的提高，照明设计在当今社会越来越重要。一般意义上的照度通常是指工作面高度、水平方向上的照度水平，但对于特定的空间，如画廊、艺术馆等，这时要求的照明标准则是指垂直面上的照度。正确的照明计算是成功完成空间设计的重要基础，对于设计人员而言，大多数需要具备运用灯光营造环境气氛的审美能力，所以对照明设计进行量化的计算能力就显得尤为重要。

4.1 灯具光通量

照明设计主要是依托不同的灯具来实现照明的目的，为了达到更好的照明效果，首先就是灯具的光通量，光通量决定哪些区域适合选用何种照明方式，可以帮助我们创造更好的灯光视觉效果。

↑小功率的LED筒灯光通量为50~55lm，大功率的LED筒灯光通量为110~120lm，此处选用了大小功率混合的LED筒灯，照度可调整。

↑灯具的功率不一样，光通量也有所变化，此处美术馆选用了轨道射灯作为照明灯具，依据需要可以选择不同功率的射灯，从而为书画提供不同程度的照明。

下表列举了一些常见灯具的参考光通量，在之后的照明设计中可以作为参考。

常见灯具参考光通量			
灯的种类	光通量/m	灯的种类	光通量/m
60W标准白炽灯	890	5W标准射灯	200~250
100W标准白炽灯	1200	7W标准射灯	350~450
18W标准紧凑型荧光灯	1200	9W标准射灯	450~720
18W标准T8荧光灯	1350	12W标准射灯	600~1000
36W标准T8荧光灯	2850	15W标准射灯	800~1350
用于街道照明的100W高压钠灯	9500	用于体育馆照明的1500W金属卤化物灯	165000
70W金属卤化物灯	6000	48W节能灯	3500
100W金属卤化物灯	8500	85W节能灯	5100

图解小贴士

光通量的单位为"流明"，在理论上相当于电学单位瓦特，因视觉对此尚与光色有关，所以根据标准光源及正常视力度量单位采用"流明"，符号为lm。

第1章 照明概述

第2章 光与电的关系

第3章 照明灯具

第4章 照明量计算

第5章 照明与设计

第6章 直接与间接照明

第7章 艺术照明

第8章 照明案例赏析

4.2 照明功率密度

照明功率密度是照明设计必须要了解的一个数值，一般是指在达到规定的照度值情况下，每平方米所需要的照明灯具的功率。了解照明功率密度及其计算方法可以帮助我们更好地选择灯具，从而达到更好的照明效果。

1.计算方法

灯具的用电功率（W）=房间面积（m²）×单位面积上消耗的照明用电功耗（W/m²）。

如果想要在这个房间获得需要的照明水平，可以采用功率密度法，用房间面积乘以单位面积上消耗的照明用电功耗，也就是功率密度值，来计算出使用荧光灯或白炽灯光源时的用电功率值了。

下表列举一些常见灯具的功率密度值及其适用场所，在选用照明灯具时可以作为参考。

常见灯具的功率密度值及其适用场所			
常用场所	希望达到的照明水平	荧光灯、紧凑型荧光灯或HID灯的功率密度/（W/m²）	白炽灯或卤钨灯的功率密度/（W/m²）
饭店走廊、建筑楼梯	20~50lx	1~2	3~7
办公室走廊、剧场观众席	50~100lx	2~4	7~10
建筑门厅、等候厅、商场中庭	100~200lx	4~8	10~20
办公区、教室、会议室、大型商场	200~500lx	8~12	不推荐
实验室、工作区、体育场	500~1000lx	12~20	不推荐

↑用于自动扶梯上方的照明灯具建议选择功率比较大的LED灯，可以有效地避免跌倒事故。

↑此博物馆展示柜内的灯具建议选择冷光且功率较小的灯具，既能基本照明也不会造成眩光。

此外，由于不同空间对照明的功能性需求有所不同，所要达到的照度以及功率密度值也会有所不同，下面列表说明不同空间常用的照度以及功率密度值。

不同空间常用的照度以及功率密度值				
空间	等级	照度/lx	目标值/(W/m^2)	现行值/(W/m^2)
办公室	普通	300	8	9
会议室		300	8	9
办公楼服务大厅		300	10	11
酒店走廊		50	3.5	4
走廊	普通	50	2	2.5
	高档	100	3.5	4
门厅	普通	100	3.5	4
	高档	200	6	7
楼梯间	普通	50	2	2.5
	高档	100	3.5	4
卫生间	普通	75	3	3.5
	高档	150	5	6
配电间		200	6	7
电梯机房		200	7	8
公共车库		50	2	2.5
住宅车库		30	1.8	2
空调机房		100	3.5	4
网络中心计算机站		500	13.5	15
仓库	一般件仓库	100	3.5	4
	大件仓库	50	2	2.5

注：在照明设计中应尽量降低实际照明功率密度，实现环保型的设计。

2.案例分析

通过对实际案例的计算，可以帮助我们更快地熟悉照明功率密度计算的方法，下面就对案例进行计算分析。

分析计算

（1）案例一

设计条件：办公室长10m，宽10m，平均照度大约是400lx，可选择功率密度为12W/m²的荧光灯（32W的T8荧光灯）作为所需要照明的灯具，求室内灯具数量是多少？

根据公式可求得：

灯具的用电功率（W）= 房间面积（m² ）×单位面积上消耗的照明用电功耗（W/m²）

$= 100m^2 \times 12W/m^2$

$= 1200W$

如果选用32W的T8荧光灯，大约需要1200W÷32W/台=38盏。

结论：需要32W的T8荧光灯38盏。

（2）案例二

设计条件：在一个剧场的观众席照明中，剧场面积是300m²，所需要的照明水平大约是100lx。由于需要进行全场调光，所以选用卤钨灯光源。可选择60W或100W的下射灯，求剧场灯具数量是多少？

从功率表中查得剧场的功率密度为10W/m²。

根据公式可求得：

灯具的用电功率（W）= 房间面积（m² ）×单位面积上消耗的照明用电功耗（W/m²）

$= 300m^2 \times 10W/m^2$

$= 3000W$

如果选用60W的下射灯，大约需要3000W÷60W/台=50盏灯具。如果选用100W的下射灯，大约需要3000W÷100W/台=30盏灯具。

结论：需要50盏60W的下射灯或30盏100W的下射灯。

第1章 照明概述

第2章 光与电的关系

第3章 照明灯具

第4章 照明量计算

第5章 照明与设计

第6章 直接与间接照明

第7章 艺术照明

第8章 照明案例赏析

（3）案例三

设计条件：面积为96m²的教室，用32W的T8荧光灯作为所需要照明的灯具，求教室内灯具数量是多少？（从功率表中得出教室的功率密度为812W/m²）

当采用荧光灯进行照明时，最少需要的电功率为$96m^2 \times 8 \ W/m^2 = 768W$。

最多需要的电功率为$96 \ m^2 \times 12 \ W/ \ m^2 = 1152W$。

相应的所需灯具，最少需要$768W \div 32W = 24$盏；最多需要$1152W \div 32W = 36$盏。

结论：需要24盏或36盏32W的T8荧光灯。

→不同装修风格的餐厅，所选用的灯具也应该有所不同，此处餐厅设计有木质屏风，为了体现古朴、清新的气息，灯具选用了藤蔓式的灯罩，照明功率比较小。

←艺术吊灯可以很好地增强现代感，此处餐厅墙面色调偏白，灯具也是以白色为主色的艺术吊灯，球形灯罩很好地降低了照明功率，使得整体照明明亮而不刺眼。

在照明设计中还有其他的一些限制因素也会影响到最终呈现的照明效果，在设计中一定要多方面考虑，例如有的照明方法仅适合于具有白色或浅色调的墙面，窗户数量适当等要求的普通房间，当房间墙面为暗色调或房间的形状比较特殊时，再选择同样的照明方式，可能反而会适得其反。

在房间的照明设计中，一定要避免那些不科学的照明方法，尽量采用普通的或常见的照明设备，同时也应该充分了解白炽灯、卤钨灯、LED灯、金属卤化物灯以及荧光灯等光源在照明效果方面的差别。

为了更好地营造照明环境，适当地降低照明功率密度是势在必行的，在未来的照明设计中，可以采取适合的措施来降低照明功率密度，使我们的照明环境更顺应人心，更符合大众的需求，也能更绿色环保。

选择高效的光源、镇流器和灯具等，是降低照明功率密度的最关键要素，如果难以达到照明功率密度限值，还可以通过降低设计的照度计算值来进行改善，但要注意虽然照度可以低于规定的照度标准值，但不应该低于标准值的90%。

此外作业面邻近周围的照度也可以低于作业面的照度，一般允许降低一级（但不低于200lx），在办公室的进门处以及不可能放置作业面的区域，都可以适量地降低照度。在设计中还可以通过将通道和非作业区的照度降低到作业面照度的1/3或以上，来降低实际的照明功率密度；同时，对于装饰性灯具，还可以按其功率的50%来计算照明功率密度值，在实际条件允许的情况下，也可以适当地降低灯具的安装高度，从而提高灯具的空间利用系数。

←装饰性灯具可以提升整个环境的风格，此处背景墙面主色调为暖黄色调，灯具建议依据复古风格来选择，此种方式也能使得整体照明明亮而不刺眼。

第1章 照明概述

第2章 光与电的关系

第3章 照明灯具

第4章 照明量计算

第5章 照明与设计

第6章 直接与间接照明

第7章 艺术照明

第8章 照明案例赏析

影响因素

💡 **图解**小贴士

照明功率密度是指在建筑的房间或场所内，单位面积的照明安装功率（包括镇流器以及变压器的功耗），也可以简称为LPD，计算单位是W/m²。在进行照明设计时要多次分析、实践，不断优化设计方案，力求降低实际的LPD值。

4.3 空间照度值

　　这里所说的空间照度值是指空间内的光照强度，它是指单位面积上所能接受到的可见光的光通量，简称为照度，单位是勒克斯，用英文符号表示是lx或lux，它主要用于指示光照的强弱和物体表面积被照明程度的量。

　　空间照度值会受到灯具类型以及使用空间等的影响，在进行照明设计时要明确所需照明的空间有何种照明需求，不能以偏概全，必须因地制宜的设计，可以通过选择不同类型的灯具以及安装灯具的数量、间距等来具体地改变空间照度值。

↑一般安装悬挂式铝罩灯的空间高度在6~10m时，灯具的空间利用系数CU取值范围应该在0.45~0.7。

↑一般筒灯类灯具在3m左右空间使用时，灯具的空间利用系数CU取值范围应该控制在0.4~0.55。

↑灰尘的累积会导致空间反射效率降低，而博物馆属于比较干净、肃静的场所，照明灯具的维护系数K一般应取0.8。

↑一般常用灯盘在3m左右的空间使用时，灯盘的空间利用系数CU取值范围应该控制在0.6~0.75。

随着照明灯具的老化，灯具光输出能力的降低以及光源使用时间的增加，光源会慢慢开始发生光衰现象，在设计照明时要注意到这一点。下表为不同空间的参考照度值，可以作为参考。

空间	照度/lx	场所
不同空间的参考照度值		
学校	2000~1500	制图教室、服装教室、计算机教室
	500~300	教室、研究室、图书阅览室、书库、办公室、教职员休息室、会议室、餐厅、厨房、广播室、室内运动场
	300~150	大教室、礼堂、储柜室、休息室、楼梯间
	150~75	走廊、电梯走道、厕所、值班室、工友室、天桥、校内室外运动场
办公室	2000~1500	设计室、事务室
	1500~750	大厅通道(白天)、营业室、制图室
	750~300	会议室、书库、印刷室、总机室、控制室、招待室、娱乐室、餐厅
	300~150	娱乐室、餐厅教室、休息室、警卫室、电梯(走道)、盥洗室、厕所
	150~50	喝茶室、更衣室、仓库、值夜室(入口处)、安全楼梯
工厂	3000~1500	超精密作业、设计、制图、精密检查
	1500~750	车间
	750~300	包装、计量、表面处理、仓库办公室
	300~150	染色、铸造、电气室
	150~50	进出口、走廊、通道、楼梯、化妆室、厕所、附作业场仓库
	75~30	安全楼梯、仓库、屋外动力设备(装卸货、存货移动作业)
医院	10000~5000	眼科检查室
	1500~750	手术室
	750~300	诊疗室、治疗室、制药室、配药室、急救室、产房、办公室、会议室
	300~150	病房、药品室、骨折石膏包扎、婴儿房、纪录室、会诊室、门诊走廊
	150~50	物疗室、X光室、病房走廊、药品室、灭菌室、病房室、楼梯
	75~30	动物室、暗室(照片)、安全楼梯

第1章 照明概述

第2章 光与电的关系

第3章 照明灯具

第4章 照明量计算

第5章 照明与设计

第6章 直接与间接照明

第7章 艺术照明

第8章 照明案例赏析

（续）

空间	照度/lx	场所
理发店	1500~750	剪烫发、染发、化妆
	750~300	洗发、前厅接待台、整装
	300~150	厕所
	150~50	走廊、楼梯
旅馆、饭店、娱乐场	1500~750	柜台
	750~300	玄关、宴会厅、事务室、停车处、厨房
	300~150	餐厅、洗手间
	150~75	娱乐室、走廊、楼梯、客房、浴室、庭院重点照明、更衣室
	75~30	安全楼梯
商店	3000~750	室内陈列、示范表演场所、柜台
	300~150	商谈室、化妆室、厕所、楼梯、走道
	150~75	休息室、店内一般照明
住宅	1000~500	书房
	500~300	玄关、化妆、厨房、电话
	300~150	娱乐室、客厅
	150~70	寝室、厕所、楼梯、走廊
	75~30	门牌、信箱、门铃钮、阳台

↑书房整体空间的一般照明亮度约为100lx，但阅读时需要照度至少到600lx，因此可以选用台灯来作为局部重点照明的灯具。

↑灯具的参考平面以及高度不同时，最后形成的照明效果也会有所不同，此处饮品区柜台参考平面为距地0.75m的水平面，其照度标准值为50~100lx。

↑厨房面积不同，使用者习惯不同，所需要的照度值都会有不同，在设计厨房照明时要注意食品准备区域以及烹调配餐区域照度要取高值。

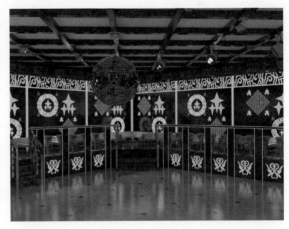

↑酒吧舞池为了营造更好的跳舞氛围，照度值建议控制在30～75lx，在进行照明设计时建议选用调光装置。

↑梳妆台镜前的照明适合垂直照度，照度值建议控制在150～300lx，既能为梳妆提供基本照明，也能起到美颜的效果。

↑珠宝店的橱窗和展柜主要是展示当季的特色商品，照度设置是以商品所处的平面为参考平面，一般照度值建议控制在150～280lx。

　　还可以通过照度计来测量光照度，照度计主要由光电池和照度显示器两部分组成。它可以用来测量被照面上的光照度，也可以测量同一空间内不同面向的照度值，测量时要注意如果想要测量桌面的照度，则需要将照度计平放于桌面；测量墙面照度，则要将照度计紧贴于墙面。

💡 **图解**小贴士

　　单个灯具光通量Φ，指的是这个灯具内所含光源的裸光源总光通量值。空间利用系数则是指从照明灯具放射出来的光束有百分之多少到达地板和作业台面。另外在控制作业面或参考平面上的维持平均照度时，要规定表面上的平均照度不得低于此数值，它是在照明装置必须进行维护的时刻，而规定表面上的平均照度，这是为确保工作时照明能够达到满足视觉安全和视觉功效所需要的照度值。

第1章 照明概述
第2章 光与电的关系
第3章 照明灯具
第4章 照明量计算
第5章 照明与设计
第6章 直接与间接照明
第7章 艺术照明
第8章 照明案例赏析

4.4　计算简化照度

空间不同，所需要的照度值也会有所不同，下面介绍照度的基本计算方法。

1.照度的相关计算方法

照度（lx）＝光通量（lm）÷面积（m²）。

灯具平均照度＝单个灯具光通量φ×灯具数量(N)×空间利用系数×维护系数（K）÷地板面积（长×宽）。

空间所需照度（lx）＝光源总光通量（lm）÷空间面积（m²）÷2。

常规的来讲，采用简化流明的计算方法就是用光源的总光通量除以被照明场所的面积，然后再除以2，这样就能得到被照明场所的照度近似值。

如果想要知道所希望得到的照明水平需要多少灯数量的话，可以把上面的过程倒过来，也就是先将设计照度乘以2；然后用获得的结果乘以房间面积，由此可以得到所需要的总光通量。

2.案例分析

案例的计算与分析能够帮助更好地将设计付诸实践，按照简化照度的计算方法可以得出照度的近似值，对所得的照度值还需要有所调整。

（1）案例一

设计条件：面积为96m²的教室，要求达到约540lx照度，采用光通量为5000lm的光源，求该教室使用灯具的数量是多少？

根据公式可求得：

空间所需照度（lx）＝光源的总光通量（lm）÷空间面积（m²）÷2

灯具数量＝空间所需照度（lx）×空间面积（m²）×2÷灯具光通量（lm）

＝540lx×96m²×2÷5000lm

＝103680lm÷5000lm

≈20.736盏

结论：所需要灯的数量取整数大约为20盏或21盏。

（2）案例二

设计条件：一个14m²的私人办公室，房间中有4盏双光源T8荧光灯，每个光源的光通量是2850lm，求办公室的实际照度是多少？

根据公式可求得：

空间所需照度（lx）＝光源的总光通量（lm）÷空间面积（m²）÷2

＝4盏灯具×2只光源/灯具×2850lm/光源÷14m²÷2

＝22800÷14÷2

≈814（lx）

结论：实际照度是814lx。

如果计算出来的数值略高于推荐的数值，这说明实际使用的灯具多了，因此，可以减低25%的光通量，即采用610lx，也就是在每个房间中减掉一盏灯具。

（3）案例三

设计条件：一个14m²的私人办公室，采用某个特定的光源，其光通量是2200lm，希望获得430lx的照度，求办公室的灯具数量是多少？

根据公式可求得：

空间所需照度（lx）＝光源的总光通量（lm）÷空间面积（m²）÷2

灯具数量＝空间所需照度（lx）×空间面积（m²）×2÷灯具光通量

＝430lx×14m²×2÷2210lm/光源

＝12040lm÷2210lm

≈5.44盏

结论：需要的灯具总数取整数为6盏灯。也就是说，需要6盏单光源灯具，或者3盏双光源灯具，或者2盏三光源灯具，或者1盏安装了六光源的灯具。

图解小贴士

在使用照度计计算照度值时要注意使用前应先将光电池受光部分照光5min，使照度计达到饱和安定；测光前照明灯具要先开亮5～10min，这样光源才会比较稳定；测量时要避免测量者的影子干扰，并避免穿着会反光的衣服。

第1章 照明概述

第2章 光与电的关系

第3章 照明灯具

第4章 照明量计算

第5章 照明与设计

第6章 直接与间接照明

第7章 艺术照明

第8章 照明案例赏析

（4）案例四

设计条件：某舞厅中有一些向下照射式照明灯具、一盏枝形吊灯以及一条用于屋顶顶棚照明的暗槽式荧光灯带。已知下列数据，求该空间的照度是多少？

● 舞厅面积是110m²。

● 舞厅安装了10盏向下照射式照明灯具，每盏灯具中的光源光通量是2000lm。

● 舞厅安装了1盏枝形吊灯，吊灯上配有24只光源，每只光源的光通量是400lm。

● 舞厅有1盏暗槽式荧光灯带，共有28只光源，每只光源的光通量为3000lm。

根据公式可求得：

10盏向下照射式照明灯 × 2000lm = 20000lm

1盏枝形吊灯中的24只光源 × 400lm = 9600lm

28支荧光灯 × 3000lm = 84000lm

总光通量为113600lm

空间所需照度（lx）= 光源的总光通量（lm）÷ 空间面积（m²）÷ 2

$$= 113600lm ÷ 110m^2 ÷ 2$$

$$≈ 516lx$$

结论：实际照度是516lx。

516lx只是近似值，但可以确定的是，当开启了所有的照明灯具时，完全可以达到375～430lx的照度，关掉荧光灯后，至少还有100lx的照度，这一照度对于在餐厅和舞厅这一类场所举办相应的公共活动来说是足够的。

← 办公区域一般都有计算机，这种带有显示屏的，工作台面的照度值一般建议控制在150～300lx。

↑酒店宴会厅在设置照度值时，参考平面要距离地面750mm，依据功能需求的不同，照度值也不同，建议将照度值控制在75～150lx或150～300lx。

↑酒店总服务台在设置照度值时，参考平面要距离地面750mm，建议将照度值控制在150～200lx或200～300lx。

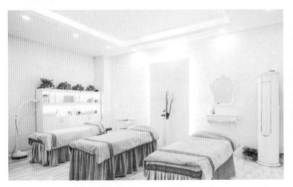

↑美容店在设置照度值时，参考平面要距离地面750mm，依据面积的不同，照度值也有不同，建议将照度值控制在200～300lx或300～500lx。

↑理发店在设置照度值时，参考平面要距离地面750mm，建议将照度值控制在75～100lx或100～150lx。

即使在同一空间，由于场景的需求不同，照度值也会有所不同，在进行照明设计时，可以多采用调光装置或者运用多种组合的照明方式来达到不同要求的照度。在计算简化照度时，所得出的数值只能作为参考值，在实际运用时，还需要依据空间的规模、形状、装饰材料、设计主题、适用人群以及展示产品等来对最终的照度值进行调整，要求设计既能达到照明的需求，同时也能遵守节能、环保的设计原则。

在计算简化照度时，虽然只是粗略地估算，最后的结果也会有20%～30%的误差，在条件允许的情况下最好采用专业的照明设计软件来进行精确的模拟计算，争取将误差控制在最小范围内，这样也能将设计结果更实践化，最后呈现出来的视觉效果也会更好。在读取简化照度的各项数值时，也要格外注意，一个小数据的变化可能也会导致不一样的照明效果。

照明
需求

第1章 照明概述
第2章 光与电的关系
第3章 照明灯具
第4章 照明量计算
第5章 照明与设计
第6章 直接与间接照明
第7章 艺术照明
第8章 照明案例赏析

↑办公楼的值班室在设置照度值时，要考虑到需要查看监控的照明需求，建议将照度值控制在50～75lx或75～100lx。

↑旅馆会客室在设置照度值时，参考平面要距离地面750mm，建议将照度值控制在75～100lx或100～150lx。

↑酒店大厅在设置照度值时，参考平面要距离地面750mm，依据面积的不同，照度值也有不同，建议将照度值控制在75～150lx或150～300lx。

↑咖啡厅在设置照度值时，依据规模和设计主题的不同，照度值也会有所不同，建议将照度值控制在30～50lx或50～75lx。

不同的自然光环境下所呈现的照度值也是不一样的，昼夜变化以及晴雨之变都会对照度值有所影响，例如在晴天所呈现的照度值在30000～130000lx，晴天室外的照度值则在100～1000lx；阴天室外的照度值在50～500lx，而在室内照度值则在5～50lx；在黄昏时分，室内的照度值是10lx；在比较黑的夜晚，照度值在0.001～0.02lx；在有月亮的夜晚，照度值在0.02～0.3lx；在月圆夜，照度值在0.30～0.3lx；在有星光的夜晚，照度值在0.00002～0.0002lx。

依据这些不同自然光环境下的照度值，我们可以在设计空间的照明时将空间的采光方向、自然朝向、空间高度等与之结合起来，设计出一个自然而又充满科技感的照明，同时也是一种新的节能方式，所营造的灯光效果也会更丰富，更具有艺术气息。

光度差异

↑西餐厅在进行照明设计的时候，要能体现食物的魅力，建议将照度值控制在30～50lx或50～75lx。

↑酒店主餐厅在设置照度值时，参考平面要距离地面750mm，建议将照度值控制在50～75lx或75～100lx。

↑室内游泳池在设置照度值时，参考平面要距离地面750mm，建议将照度值控制在30～50lx或50～75lx。

↑蒸汽浴室在设置照度值时，参考平面要距离地面750mm，为了营造一种舒适的休闲氛围，建议将照度值控制在35～75lx。

图解小贴士

　　自然界一昼夜24h为一个光照周期，有光照的时间被称为明期，没有光照的时间被称为暗期，自然光照一般是以日照时间来计算光照时间（明期）的。在进行照明设计时，所采用的人工光照明中，将灯光照射的时间称为光照时间，为期24h的光照周期为自然光照周期；为期长于或短于24h的称为非自然光照周期；如果在24h内只有一个明期和一个暗期，则将其称为单期光照；在24h内出现两个或两个以上的明期或暗期，则将其称为间歇光照，而一个光照周期内明期的总和即是我们所说的光照时间，在进行简化照度计算时要考虑到这点。不同季节所呈现的照度也会有所变化，例如，夏季在阳光直接照射下，光照强度可达60000～100000lx，没有太阳的室外光照强度可达到1000～10000lx。

第1章 照明概述
第2章 光与电的关系
第3章 照明灯具
第4章 照明量计算
第5章 照明与设计
第6章 直接与间接照明
第7章 艺术照明
第8章 照明案例赏析

照度计算

简化照度的计算除了选择上述方法来进行计算外，还可以通过概算曲线法、比功率法和逐点计算法等来计算。概算曲线是指假设被照面上的平均照度为100lx时，所要照射空间的面积与所用照明灯具数量之间的关系曲线,概算曲线法即是通过已经计算绘制好的概算曲线来直接求出所需照明灯具的数量。使用这种方法可以很清楚地看到由于空间面积的变化而引起的灯具数量以及照度值的变化，但要注意使用概算曲线法进行照度计算时要先确定照明灯具的布置方案,从而确定光源的种类和容量。

逐点计算法使用频率较低，它是一种照明设计程序，主要是利用灯具之间照明亮度的数据变化来计算照度，从而决定照明系统不同位置安装的照度值，使用逐点计算法时要了解某点的总照度是等于灯具的直接照度以及房间表面的间接照度的总和。

↑营业厅在设置照度值时，参考平面要距离地面750mm，建议将照度值控制在100~200lx。

↑酒店卫生间要将照度值控制在50~75lx或75~100lx。

↑电影院的售票区域在设置照度值时，要以售票台面为参考平面，建议将照度值控制在100~150lx或150~200lx。

↑影视剧场的表演区适合选用一般照明的方式，也可以配合追光灯做区域性的重点照明，建议将照度值控制在100lx以上。

4.5 照明系数计算方法

照明系数可以通过利用系数的计算方法来计算，它是指在工作面或者其他规定的参考平面上，通过相互反射接受的光通量与照明装置全部灯具发射的额定光通量总和之间的比例，同时它也是流明法预测平均照度采用的重要参数。

1.利用系数的计算方法

平均照度=单个灯具光通量（Φ）×灯具数量（N）×空间利用系数（cu）×维护系数（K）÷地板面积（m²）。

这种方法适用于室内或体育场的照明计算。

单个灯具光通量（Φ）指的是这个灯具内所含光源的裸光源总光通量值，空间利用系数是指从照明灯具放射出来的光束有百分之多少到达地板和作业台面，所以与照明灯具的设计、安装高度、房间的大小和反射率的不同相关，其照明率也会随之变化，例如室外体育馆的空间利用系数适宜取0.3。

维护系数（K）由于空间清洁程度的不同以及灯具的使用时间等会有不同。一般较清洁的场所，如客厅、卧室、办公室、教室、阅读室、医院、高级品牌专卖店、艺术馆等维护系数K适宜取0.8；而一般性的商店、超市、营业厅、影剧院、机械加工车间、车站等场所维护系数K则适宜取0.7；污染指数较大的场所维护系数K则可取到0.6左右。

↑空间利用系数的数值变化与灯具的悬挂高度有关，一般灯具悬挂高度越高，反射的光通量就越多，空间利用系数也就越高。

↑空间利用系数的数值变化还与房间的面积及形状有关，房间的面积越大，越接近于正方形，则直射光通量就越多，空间利用系数也越高。

此外，空间利用系数与墙壁、顶棚及地板的颜色和洁污情况也有关系，墙壁、顶棚等颜色越浅，表面越洁净，反射的光通量越多，空间利用系数也就越高。灯具的形式、光效和配光曲线也会对空间利用系数产生影响。在进行照明设计时要了解到灯具在使用期间，光源本身的光效会逐渐降低，灯具会陈旧脏污，被照场所的墙壁和顶棚会有污损的可能，工作面上的光通量也会因此有所减少，设计必须要提前做好准备，好应对这些问题。

第1章 照明概述
第2章 光与电的关系
第3章 照明灯具
第4章 照明量计算
第5章 照明与设计
第6章 直接与间接照明
第7章 艺术照明
第8章 照明案例赏析

在进行照明系数的计算时，不同类型的灯具的利用系数也会有所不同，下表为主要荧光灯在不同空间的利用系数值。

部分荧光灯利用系数表															
4×36W				灯具效率为68%				2×28W				灯具效率为73%			
利用系数															
顶棚	80		70		50		30		80		70		50		30	
墙面	70	30	70	50	50	10	30	10	70	30	70	50	50	10	50	30
地面	20															
1	0.79	0.70	0.78	0.75	0.68	0.64	0.65	0.65	0.82	0.77	0.82	0.76	0.75	0.71	0.71	0.69
2	0.72	0.56	0.72	0.66	0.60	0.54	0.56	0.62	0.76	0.66	0.75	0.69	0.67	0.61	0.65	0.59
3	0.64	0.42	0.62	0.55	0.52	0.45	0.45	0.43	0.71	0.59	0.70	0.64	0.62	0.55	0.60	0.54
4	0.57	0.37	0.57	0.50	0.46	0.36	0.38	0.34	0.67	0.53	0.65	0.58	0.57	0.49	0.55	0.48
5	0.53	0.32	0.52	0.41	0.41	0.30	0.34	0.29	0.62	0.48	0.60	0.53	0.51	0.43	0.50	0.43
6	0.48	0.30	0.47	0.37	0.34	0.25	0.28	0.24	0.57	0.42	0.56	0.47	0.46	0.38	0.45	0.38
7	0.44	0.23	0.34	0.26	0.24	0.39	0.21	0.36	0.53	0.38	0.51	0.43	0.42	0.33	0.41	0.33
8	0.40	0.19	0.40	0.29	0.28	0.19	0.22	0.19	0.42	0.33	0.47	0.38	0.38	0.29	0.37	0.29
9	0.36	0.17	0.37	0.25	0.23	0.16	0.19	0.16	0.40	0.29	0.43	0.35	0.34	0.25	0.33	0.25
10	0.32	0.13	0.30	0.21	0.20	0.13	0.15	0.10	0.39	0.24	0.39	0.30	0.29	0.21	0.29	0.21

（左侧纵列：反射比（%）、RCR室内空间比）

注：此处系数为初次检测数据，具体灯具需再次检测。

依据灯具在不同空间利用系数，可以计算出照度值以及灯具所需的数量，但要记住所有的数值并不是一成不变的，可能随着装饰材料的变化，空间利用系数也会变化，要注意这一点。

2.案例分析

真理来自于实践，多次的案例计算与分析才能够验证照明系数公式的科学性，通过这些案例分析，才能更全面地进行照明的设计，数据化的设计能够更贴近公众生活，也能更融洽地将设计和人机工程学充分结合起来，创造一个符合大众需求，同时还富有艺术魅力的照明环境。

照明
计算

（1）案例一

设计条件：面积为20m²的室内空间中，用了9套3×36W的隔栅灯，整体空间达到约540lx照度，设计所采用的是光通量为2500lm的光源，求该空间平均照度是多少？

根据公式可求得：

平均照度＝单个灯具光通量×灯具数量×空间利用系数×维护系数÷地板面积＝（2500lm×3×9）×0.4×0.8÷20 m²＝1080lx

结论：该空间平均照度是1080lx。

（2）案例二

设计条件：面积为800m²的室外体育馆，使用1000W卤素灯60套，它的光通量为105000lm，求该空间平均照度是多少？

根据公式可求得：

平均照度＝单个灯具光通量×灯具数量×空间利用系数×维护系数÷地板面积＝（105000lm×60）×0.3×0.8÷800 m²＝1890lx

结论：该空间平均照度是1890lx。

（3）案例三

设计条件：办公室长18.2m，宽10.8m，顶棚高2.8m，桌面高0.85m，空间利用系数0.7，维护系数0.8，灯具数量33套，灯具采用55W防眩目双灯管灯，光通量3000lm，求该空间平均照度是多少？

根据公式可求得：

平均照度＝单个灯具光通量×灯具数量×空间利用系数×维护系数÷地板面积＝（3000lm×2×33）×0.7×0.8÷18.2m÷10.8m ＝564.10lx

结论：该空间平均照度是564.10lx。

（4）案例四

设计条件：卧室长3m，宽3m，顶棚高2.8m，灯具采用18W标准T8荧光灯，光通量1350lm，预期照度为150lx，求该空间灯具数量是多少？

根据公式可求得：

灯具数量＝平均照度÷单个灯具光通量÷空间利用系数÷维护系数×地板面积＝150lx÷1350lm÷0.4÷0.8×9m²＝3.125只

结论：所需灯管3只。

第1章 照明概述

第2章 光与电的关系

第3章 照明灯具

第4章 照明量计算

第5章 照明与设计

第6章 直接与间接照明

第7章 艺术照明

第8章 照明案例赏析

↑博物馆展示柜内的空间利用系数与展柜大小以及展品数量有关，此处照明采用了下照的方式，通过展柜底部的反射，灯光可以均匀地照射到展品上。

↑顶棚空间射向灯具出口平面上方空间的光线，一部分会被吸收，另一部分会从灯具出口平面以向下的方式射出，从而形成了有效的反射。

在进行照明设计时必须选择准确的空间利用系数，否则最后计算出来的结果可能会有很大的偏差。

灯具的光输出比例会影响到空间利用系数的大小，同时室内空间内的反射率的变化也会对空间利用系数的大小产生影响。空间利用系数的选择还与房间的空间特征系数有关，房间的空间特征系数主要包括顶棚空间特征系数、室内空间特征系数以及地板空间特征系数。一般将房间横截面的空间分为三个部分，规定从灯具出口平面到顶棚之间的区域为顶棚空间；从灯具出口平面到工作面之间的区域为室内空间；从工作面到地面的区域为地板空间。三个空间有自己的空间系数计算方法：

$$顶棚空间特征系数（CCR）=[5×HCC×（l+W）]÷（l×W）=$$
$$（HCC÷HRC）×RCR（室内空间特征系数）$$

$$室内空间特征系数（RCR）=[5×HRC×（l+W）]÷（l×W）$$

$$地板空间特征系数（FCR）=[5×HFC×（l+W）]÷（l×W）=$$
$$（HFC÷HRC）×RCR（室内空间特征系数）$$

此处公式中HRC是指室内空间的高度，HCC是指顶棚空间的高度，HFC是指地板空间的高度，L是指整个房间的长度，W是指整个房间的宽度，单位均为m，从这三个公式不难看出这三个空间彼此间关系密切，其空间系数的计算方式也相互关联。

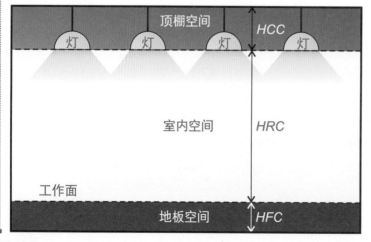

←从图中可以很清楚地看到顶棚空间、室内空间以及地板空间的划分区域，灯具在这些区域有不同的反射比，相应的利用系数也会有所不同，在进行照明设计时首先要明确照射空间的具体空间特征系数值，对于每个空间的照射高度也要有一个确定的标准值。

第5章
照明与设计

识读难度：★ ★ ★ ★ ☆

核心概念：光源、光色、色温、设计标准、原则

章节导读：

照明是人们对外界视觉感受的前提，照明分为天然采光和人工照明两大类。天然采光是通过门窗洞口获取室外光线；人工照明是指使用器具确保空间的照明度，两者往往相结合。人工照明又分为明视照明和装饰照明。在照明设计中，装饰照明能够表现一定的装饰内容、空间格调和文化内涵。学习照明设计，必须掌握一些点光源、灯具、照明方式、照度标准、照明质量等相关的知识，这样面对所有设计难题时，才能有一个合理、有效、专业的解决问题的方法，才能做出更优秀的照明设计。

5.1 光源

宇宙间的物体有的是发光的，有的是不发光的，我们把自己能发光且正在发光的物体称为光源。尽管照明的历史可以追溯到几千年前，但在目前，非电力照明只用于一些特定场合，比如拍摄影视作品、野外生存或者营造某些局部气氛时运用。了解光源，首先要了解专业术语及概念。

1.光源的常用物理量

（1）光通量

光通量是指光源在单位时间内向周围空间辐射出去的，并使人眼产生光感的能量，常用符号Φ来表示，单位名称为"流明（lm）"。

（2）发光强度

发光强度是光度测定的基本单位，是指光源在给定方向上的光通量分布状况，即光通量的空间分布密度，常用符号I表示，单位名称为"坎德拉（cd）"。

（3）照度

照度是指被照表面单位面积上所接受的光通量，主要用来说明被照面上的照射程度，用光通亮除以面积数可以得到。常用符号E来表示，单位名称为"勒克斯（lx）"。

（4）亮度

亮度是能直接引起眼睛视觉的光源物理量，也可理解为人眼所看到发光体的明亮程度。比如同一空间内，相同照度光源照射在同样材质的黑色和白色物体表面，人们会觉得白色物体亮，即白色物体亮度高，因为人眼对物体的明暗感觉是通过所视物体的反光或发光线投到视网膜上的照度决定的。亮度常用符号L表示，单位名称为"坎德拉/平方米（cd/m^2）"。

↑亮度有高有低，照明的亮度过高，可能会造成眩光，会给人的视觉带来伤害，甚至可能造成光污染。

↑合适的照明亮度不仅不会对人眼造成伤害，而且还能营造一个比较舒适的照明环境。

（5）色温

色温是表示光源光谱质量最通用的指标，色温是按绝对黑体来定义的，当光源所发出的光的颜色与"黑体"在某一温度下辐射的颜色相同时，"黑体"的温度就成为该光源的色温，色温常用符号是*K*，单位名称为"开尔文（K）"。

↑在光谱中蓝色的成分比较多，通常称之为"冷光"，此处为冷白光所营造的照明环境，一般冷光营造的照明氛围比较清冷。

↑在光谱中，"黑体"的温度越低，红色的成分则越多，通常称这种光为"暖光"，此处为暖白光营造的照明环境，给人一种很亲切的感觉。

（6）光色

光色有两方面含义，一是指人眼直接观察光源时所看到的颜色，即光源的色彩；二是指光源的光照射到物体上所产生的客观效果，即显色性。

（7）光源的显色性

待测光源的显色性是指将物体在待测光源下的颜色同它在参照光源下的颜色相比的符合程度。物体表面颜色的显示除了取决于物体表面特征外，还取决于光源的光谱能量分布。

↑不同的光谱能量分布，其物体表面显示的颜色也会有所不同，此处为偏蓝的显色性效果。

←显色性主要是用来表示光照射到物体表面时，光源对被照物体表面颜色的影响作用。此处为偏黄的光源所表现出来的显色性效果。

第1章 照明概述

第2章 光与电的关系

第3章 照明灯具

第4章 照明量计算

第5章 照明与设计

第6章 直接与间接照明

第7章 艺术照明

第8章 照明案例赏析

2.光源的运用

（1）点光源

点光源是一个相对的概念，点光源是理想化为质点的向四面八方发出光线的光源。点光源是抽象化了的物理概念，为了把物理问题的研究简单化，就像平时说的光滑平面、质点、无空气阻力一样，点光源指的是从一个点向周围空间均匀发光的光源。当光源的直径小于它与被照物体之间距离的1/5时，可将该光源视为点光源。

↑此处商品货架上方设置有间距相等的悬挂式吊灯，从整体来看，这些吊灯形成了一个个的点光源，使得照射向商品的光线比较均匀。

↑此处服装店上方采用了内嵌式筒灯，筒灯本身造型为圆形，形成一个个的发光圆点，既为整个服装陈列大厅提供了均匀的照度，也不会形成眩光。

（2）光幕反射

光幕反射是在视觉上镜面反射与漫反射重叠出现的现象。当反射影像出现在观察对象上，这些反射照入眼睛时，会看不清观察对象的细节，减弱所视物体与周围物体的对比。

↑此处为金属墙面光幕反射，使得衣物好似被光罩笼罩一般，能够减弱衣物与周边环境的明暗对比。

↑此处为玻璃罩光幕反射，光线通过玻璃光罩反射到物体上，减少了眩光产生的可能性，也能使整体环境更融洽。

（3）光色与色温

从光源的光谱能量分布和颜色可以引入色温这个表示光源颜色的量。一些常用光源的色温为，标准烛光为1930K；钨丝灯为2760~2900K；荧光灯为3000K；闪光灯为3800K；中午阳光为5600K；电子闪光灯为6000K；蓝天为12000~18000K。不同色温的光源，其光色也不同，下面列表说明不同光色的适用场合。

色温
概念

第1章 照明概述

第2章 光与电的关系

第3章 照明灯具

第4章 照明量计算

第5章 照明与设计

第6章 直接与间接照明

第7章 艺术照明

第8章 照明案例赏析

不同光色的适用场合	
名称	适用场合
暖色光	暖色光的色温在3300K以下，暖色光与白炽灯相近，红光成分较多，能给人以温暖、健康、舒适的感觉。适用于家庭、住宅、宿舍、宾馆等场所或温度比较低的地方
冷白色光	又称中性色，它的色温在3300~5300K之间，中性色由于光线柔和，使人有愉快、舒适、安祥的感觉。适用于商店、医院、办公室、饭店、餐厅、候车室等场所
冷色光	又称日光色，它的色温在5300K以上，光源接近自然光，有明亮的感觉，使人精力集中。适用于办公室、会议室、教室、绘图室、图书馆的阅览室、展览橱窗等场所；色温超过6000K，光色偏蓝，给人以清冷的感觉

对于某些光源（主要是线光谱较强的气体放电光源），它发射的光的颜色和各种温度下的黑体辐射的颜色都不完全相同，这时就不能用一般的色温概念来描述它的颜色。为了便于比较，采用相关色温的概念，若光源发射的光与黑体在某一温度下辐射的光颜色最接近，则黑体的温度就称为该光源的相关色温，符号为 CCT。

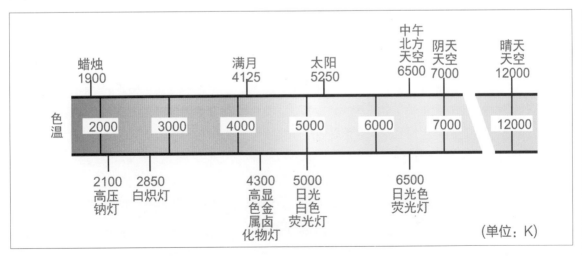

↑此处为各种光的色温值，由于光谱形态不同，相关色温用来表示颜色是比较粗糙的，但对接近白色的光源在一定程度上反映了光源颜色差异，通常节能灯所指的色温即指相关色温的概念。

（4）光源显色性能

根据国际照明委员会（CIE）出版物《色度学》和现行国家标准《颜色术语》（GB/T 5698）中的规定，颜色是目视感知的一种属性，可用白、黑、灰、黄、红、绿等颜色名称进行描述。光源色是指光源发射的光的颜色；物体色是光被物体反射或透射后的颜色；表面色是漫反射、不透明物体表面的颜色。

作为照明光源，除要求光效高之外，还要求它发出的光具有良好的颜色。光源的颜色有两方面的意思：色表和显色性。人眼直接观察光源时看到的颜色，称为光源的色表。色坐标、色温等就是描述色表的量，光源的色表，是由光源的光谱能量分布比例决定的。不同的光谱能量分布比例，就有不同的色表，光源的光谱能量分布比例，越是接近太阳光的光谱能量分布比例，光源的色表越好，反之则差。衡量光源色表的好与差，是以太阳光为标准的，光源表面的颜色，越是接近太阳光的颜色，光源的色表就好，反之则差。例如高压汞灯表面颜色与太阳光差别较小，色表就比高压钠灯好，优质的节能灯光谱能量分布比例，与太阳光的光谱能量分布比例接近。

↑一般暖黄光显色性比较差，此处顶棚处的高压钠灯表面看起来黄橙橙的，颜色与太阳光差别较大，因而色表也比较差。

↑正白光显色性比暖黄光要好，此处节能灯表面的颜色是比较接近太阳光的颜色，因而照明效果明亮、舒适。

显色性是指光源的光照射到物体上所产生的客观效果。如果各色物体受照后的颜色效果和标准光源照射时一样，则认为该光源的显色性好；反之，如果物体在受照后颜色失真，则该光源的显色性就差。照明光源对物体色表的影响称为显色性，通常用一般显色指数Ra表示，Ra在75～100之间为优质显色光源，50～75为中等，50以下为差。白炽灯的显色性很好而低压钠灯的显色性很差，白炽灯能真实地再现物体的颜色，而低压钠灯却像变魔术似的将蓝纸变成黑色。

图解小贴士

低压钠灯发出的主要是黄光，当黄光照射到蓝纸上，蓝纸将黄光全部吸收。蓝纸虽然能反射蓝光，但是因为低压钠灯发出的光中基本上没有蓝光，也就不能反射出蓝光来。因此，蓝纸在低压钠灯的照射下就变成黑色的了。

日光是由红、橙、黄、绿、青、蓝、紫等多种颜色按照一定的比例混合而成的，日光照射到某一颜色的物体上，物体将其他颜色的光吸收，而将一种颜色的光反射出来。例如蓝纸在日光照射后，将蓝光反射出来，再将另外的光吸收，因而在人眼里看到的这张纸就是蓝色的。光源是否能正确表现物质本来的颜色需使用显色指数（Ra）来表示，其数值越接近100，显色性最好。下面列表说明不同灯具的显色性能。

不同灯具的显色性能	
灯的种类	显色性（Ra）
白炽灯	100
卤钨灯	100
节能灯	85
高压钠灯	42~52
金属卤化物灯	65~93
荧光灯	51~95
高压汞灯	25~60
低压钠灯	25

在不同的空间场合，对于光源显色性的要求也会有所不同，下面列表说明。

不同光色的适用场合			
指数（Ra）	等级	显色性	一般应用
90~100	1A	优良	需要色彩精确对比的场所
80~89	1B	优良	需要色彩正确判断的场所
60~79	2	普通	需要中等显色性的场所
40~59	3	普通	对显色性的要求较低，色差较小的场所
20~39	4	较差	对显色性无具体要求的场所

2700	炽白色
3000	暖白色
2500	白色
4000	冷白色
5000	日光色
6500	冷日光色

（单位：K）

←光源色温越高，光色越蓝，光谱中含有短波成分越多；光源色温越低，光色越红，光谱中含有长波成分越多。常见光源的颜色种类较多，色温值也各有不同。

第1章 照明概述
第2章 光与电的关系
第3章 照明灯具
第4章 照明量计算
第5章 照明与设计
第6章 直接与间接照明
第7章 艺术照明
第8章 照明案例赏析

3.光源的分类

光源的类型可以分为自然光源和人工光源。自然光源主要指日光；人工光源常用的是照明灯具，由白炽灯、荧光灯、卤钨灯、LED灯等光源以及各样的遮光体组成。

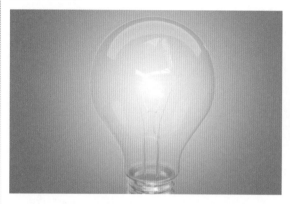

↑白炽灯是指由通过电流加热达到白炽状态的物体中发出的光源，它的光谱能量分布是连续的，各种颜色的光都有，因此一般的彩色都能反映出来，有较好的显色性。

↑荧光灯是指由放电产生的紫外线辐射所激发的荧光物质发光的放电灯,也被称为"日光灯"。任何情况下，都应采用三基色荧光灯，不应再选用卤粉荧光灯。

↑卤钨灯是以一定的比率封入碘、溴等卤族元素或其他化合物的充气灯泡，卤钨灯能消除灯泡玻壳发黑的现象。

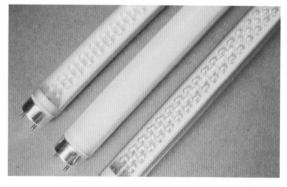

↑LED灯，属于发光二极管，是一种能够将电能转化为可见光的固态的半导体器件，它可以直接把电转化为光，此处为LED荧光灯。

不同光源的平均寿命和光效也会有所不同，一般白炽灯的光效是15lm/W，平均寿命为1000h；卤钨灯的光效是25lm/W，平均寿命在2000～5000h之间；普通荧光灯的光效是70lm/W，平均寿命为10000h；紧凑型荧光灯的光效为60lm/W，平均寿命为8000h；高压汞灯的光效是50lm/W，平均寿命为6000h；高压钠灯的光效在100～120lm/W之间，平均寿命为24000h，而低压钠灯的光效则为200lm/W，平均寿命为28000h；高频无极灯的光效在50～70lm/W之间，平均寿命在40000～80000h之间；固体白灯的光效为20lm/W，平均寿命为100000h。

4.眩光的控制

眩光是由于视野内亮度对比过强或亮度过高形成的，产生不舒适感的称为不舒适眩光，降低可见度的称为失能眩光；眩光还有直接眩光与反射眩光之分，由灯具等高亮度光源直接引起的为直接眩光；由镜面、光泽金属表面等高反射材料反射亮度造成的为反射眩光。在功能性照明环境中，要求限制眩光；而装饰性照明，为满足环境要求，形成有魅力的氛围，对眩光的限制会降低。

控制眩光

第1章 照明概述

第2章 光与电的关系

第3章 照明灯具

第4章 照明量计算

第5章 照明与设计

第6章 直接与间接照明

第7章 艺术照明

第8章 照明案例赏析

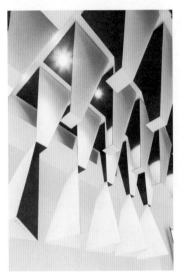

←此处光泽金属材料会产生反射，同时灯具的亮度过高，仰头看时，灯具在人眼视野内的距离非常近，在近处会产生眩光，造成不适。

←此处服装店内的灯具照明亮度过高，灯具的数量也比较多，即使是处于远处，也会有眩光的感觉，对人眼产生伤害。

预防直接眩光其实就是限制视野内光源或灯具的亮度，可以利用材质对光的漫反射和漫透射的特性对光进行重新分配，产生柔和自然的扩散光的效果；也可在满足照明要求的前提下，减小灯具的功率，避免高亮度照明；还可以在室内照明中多采用间接照明的手法，避免裸露光源的高亮度照明。

↑此处为带灯罩的防眩光射灯，灯光通过灯罩反射，会将射出的光线柔和化，减弱其亮度，达到减缓眩光的作用。

↑此处为壁灯，在壁灯的灯泡外罩上有一个上下相通的磨砂玻璃灯罩，灯光可以上照和下照，以这种分散的照射方式，能够帮助我们得到柔和的漫射光。

减小灯光的发光面积也能有效地预防直接眩光。发光面积并不是指灯具或光源的大小，而是指同样的光源，随着光源亮度的增加，光源的发光面积会增大，随之而来的就是愈加强烈的眩光。因此在选择使用高亮度裸露光源进行照明的时候，可以把高亮度、大发光面灯光和发光面分割成细小的部分，那么光束也就相对分散，既不容易产生眩光又可以得到良好的照明表现效果。例如蜡烛火焰本身的亮度接近10000cd/m²，由于发光面很小，所以亮度就像夜空中的星星那样，看起来很舒适。

光源亮度

↑在自然光中，即使是满月的亮度，也在2000cd/m²以上，这种2000cd/m²亮度，近似于一般家庭顶棚上安装的水晶玻璃体折射吊灯。

↑合理分配灯光的照射方向的霓虹灯管所发出的光能有效地缓和刺眼的眩光，同时也能使光辉更加美丽。

由于个人计算机的普及，观看显示器屏幕的机会大大增加，如果在显示器屏幕上映入了照明灯具和窗户影子的话，影像就会模糊不清，久而久之，就会造成视觉功能的降低。因此家居照明设计中需要考虑类似地砖、玻璃、镜面、不锈钢等高反射装饰材料对灯光映入所产生的影响。

↑此处地面反射的荧光灯灯光会产生二次眩光，会对照明的最终效果产生影响，对人眼也有一定的伤害。

↑窗户以及客厅内的灯具等会在计算机屏幕上产生反射眩光，不仅影响观者观看屏幕的效果，长期下来，还会降低视力。

减少直接眩光，需要避免高亮度照明，对灯具的位置和选型加以考虑。在正常视看范围内，不同的光源位置所引起眩光感的强弱也有不同。45°～85°方向内的光线是引起直接眩光的主要原因，所以控制直接眩光主要就是控制此方向内光线的强度，也就是限制灯具在45°＜γ＜85°范围内的亮度。

眩光的强弱与灯具的布置有关，所以我们在为有可能产生直接眩光区域内的灯具选型布置时，需考虑采用一些带有遮光附件的灯具，从而达到增大灯具截光角，减少眩光的目的。例如，格栅、遮光板、遮光罩等。格栅主要是将光源和反射器的可见度降低；遮光板可以根据具体的环境状况现场调整投光角度，较好地控制灯具侧面和前方出射的光线，适用于大多数宽光束和中等光束的泛光灯具。

炫光强弱

第1章 照明概述
第2章 光与电的关系
第3章 照明灯具
第4章 照明量计算
第5章 照明与设计
第6章 直接与间接照明
第7章 艺术照明
第8章 照明案例赏析

↑此处为遮光罩灯具，遮光罩可以将沿四边出射的光线截断，有效遮蔽各方向的光照，能够有效地减少直接眩光。

↑此处为带有灯罩的壁灯，属于窄光束的聚射灯具，灯罩下方是未封闭状态，使灯具的照射范围具有较强的方向性，也能有效地防治眩光。

镜面反射很容易引起特别刺眼的反射眩光。对于这类眩光的防治主要考虑人的视看位置、光源所在位置、反射材料所在位置三者之间的角度关系。此外，还应该在对材料的选用时，适当考虑反射材质的选择。当然，反射眩光不一定是有害的，我们也可以在表现水晶的质感时对此类眩光加以利用，形成晶莹耀眼的照明效果。

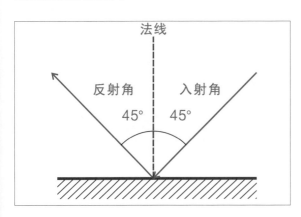

←我们所了解的光有这样的传播特性，当光射到一个物体表面时，因为材料表面的反射系数不同，会被完全或部分反射。而根据物体表面的质感不同，对光也会产生不同的反射现象。当光线照射到光亮平滑的表面时，光线的反射角等于入射角，称为镜面反射，而这即是镜面反射的特性，即入射角＝反射角。

环境
亮度

有效的防治眩光，设计合理的环境亮度比也是一种比较好的方法。在眼睛适应了较亮的光照条件下，即使是高亮度的光源，眩光也变得不那么明显了，这是因为眼睛适应的亮度受视野内所有区域的影响，背景亮度不同，所产生对比的强弱不同，会产生视错觉。

在现实中最直观的例子就是晚上我们眼睛不能直视汽车大灯，在白天看的时候，就不会觉得有任何刺眼的感觉。这是因为白天的环境亮度增加，环境亮度比降低，人眼适应了高亮度环境的原因。也就是说，设计时单个的光源亮度值是不重要的，关键是空间的光的分布以及和环境的对比关系。我们经常在家居设计中看到这样的不合理案例，如高亮度的窗户让人在看电视时产生视看困难。

所以在照明设计中应该尽量避免同一空间内过大的环境亮度比，通过改变环境亮度比，来满足照明设计的不同目的。一般来说，目标比环境略为明亮，如2：1~3：1是比较适宜的环境亮度差；而10：1的亮度比，能让视觉中心清晰可见并与相邻表面之间产生强烈的过渡；20：1的亮度比，则会让人感觉到不太舒服；40：1以上的亮度比，除了要体现类似水晶装饰灯璀璨的质感以外，在一般室内照明设计中是不允许出现的。

↑此处家居卧室中在床头两侧设置有台灯，台灯灯罩上下相通，有效地将灯光分散，使得灯光变得相对比较柔和，形成合理光照。

↑此处商业店面灯光亮度与周边环境亮度比在2：1~3：1之间，灯光通过顶棚材质反射，开始重新分配，使得整体照明环境比较舒适。

我们必须清楚地认识到灯具产生眩光的主要因素是光源的亮度和大小，光源在视野内的位置变化，观察者的视线方向变化，光源的外观大小和数量，光源的照度水平以及房间表面的反射比等。要创造一个令人愉悦的照明环境，首先就需要了解光源和灯具的亮度是影响眩光产生极其强烈程度的主要因素，在进行照明设计时，需要充分调动所学知识，合理分配灯具和光源的亮度比，同时控制好光源与空间周边环境的亮度比，创造一个兼具美观性和舒适性的照明环境。

图解小贴士

一旦选择了照明技术，接下来就是选择何种光源的问题了。光源根据照明形状的需要，需要有足够的均匀度，且稳定性能要好，在视觉应用中选择光源应该考虑到有关光源的特性。

第
1
章 照明概述

第
2
章 光与电的关系

第
3
章 照明灯具

第
4
章 照明量计算

第
5
章 照明与设计

第
6
章 直接与间接照明

第
7
章 艺术照明

第
8
章 照明案例赏析

5.2　光与人

人通过视觉、听觉、嗅觉、味觉、触觉等感觉来获取外部信息，了解周围世界。据报道，人类有80%的信息是通过视觉渠道来获取的。视觉是光作用于视觉器官，使其感受细胞兴奋，其信息经视觉神经系统加工后的产物。视觉不是瞬间即逝的，其过程和特性都比较复杂，至今还存在未知的一些领域，而视觉体验的过程是由大脑和眼睛密切合作而形成的。

人的视觉系统类似于图像识别系统，主要由三个部分组成：眼球肌、眼睛的光学系统和视神经系统。眼睛在眼球肌的作用下运动，捕捉光线，光线通过眼睛的光学系统将光线聚集在视网膜上，并通过生物电化学作用传输到视神经，最终传输至大脑，产生光的感觉或产生视觉。

1.视觉、知觉

视觉是通过视觉系统的外周感觉器官（眼）接受外界环境中一定波长范围内的电磁波刺激，经中枢有关部分进行编码加工和分析后获得的主观感觉。但要注意的是，相关的视觉欺骗试验提示，人所看到的内容，和其本身想看到的内容有关。人们在认识客观世界的过程中，90%以上的外部信息是通过视觉获得的，照明直接影响获得信息的质量和效率。因此在学习照明设计中，我们必须了解光与视觉、知觉的关系，以及眼睛的生理特征与视觉如何形成。

视觉是由进入人眼睛的可见光引起的一种感觉，光是视觉产生的前提。当人通过眼球接收到视觉刺激后，传导到大脑进行接收和辨识的过程，其中包含视觉刺激撷取、组织视觉信息，人脑再通过感官感应，将视觉、听觉、触觉等协同活动，转化为整体经验，就是所谓知觉。

视知觉既包含了视觉接收的基本要素，也包含了视觉认知。通俗的说，看见并察觉到了光和物体的存在，与视觉接收好不好有关；但了解看到的东西是什么、大脑如何反应则属于较高层的视觉认知的部分。

↑任何物体的形状、颜色、质感、状态以及空间关系，最直接的途径就是通过人的视觉来感应的，并具体地展现在人们面前。

↑视觉系统会帮助我们判断所看到的物体是什么，然后反射到大脑中，使我们对所看见的物体产生印象。

2.眼睛的构造

从外界传入大脑信息的90%以上来自眼睛，因此眼睛是人体的一个重要感觉器官，眼睛的外观上有上眼睑、下眼睑、瞳孔、巩膜和虹膜几部分。

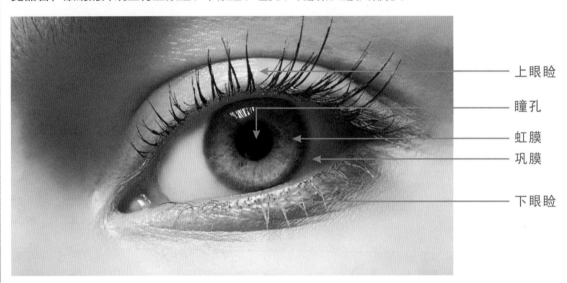

上眼睑

瞳孔

虹膜

巩膜

下眼睑

↑光线通过眼睛发生的主要光学过程为：当波长为380～780nm的可见光辐射进入眼睛的外层透明保护膜后，发生折射，光线从角膜进入瞳孔，进入的光量通过瞳孔的收缩或者扩张自动地得到调节，光线通过瞳孔和晶状体后，由晶状体和透明玻璃状体液将光线聚集在视网膜上。

　　眼球作为眼睛最重要的部分，它有着十分精致的构造，照相机就是模仿眼球制造出来的。眼睛的主要部分有角膜、晶状体、脉络膜、视网膜等，而类似的结构照相机都具备。如镜头如同透明而且感光力强的角膜及晶状体；光圈如同依光线强弱可缩小或开大的瞳孔；暗箱如同含有丰富的色素且具有遮光作用的脉络膜；感光胶片则如同感光组织视网膜。

　　聚焦图像信息的视网膜上布满了大量的感光细胞。感光细胞有以下两种：锥状细胞和杆状细胞，它们的分布位置有所不同，相应的功能也有所不同。锥状细胞主要集中在视网膜的中心窝区域，它只在明亮的环境中发挥作用，能够迅速分辨出物体的细节和颜色，对环境的明暗变化反应明显；杆状细胞的分布部位与锥状细胞相反，它分布在中心窝向外的区域，它的感光能力强，在弱光的环境中仍能感光，但杆状细胞对颜色无法分辨，对明暗变化反应缓慢。

人体
感官

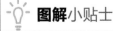

图解小贴士

　　照明用光应该遵循适度原则，太亮的照明对我们的眼睛有害；过暗的室内环境则容易产生视觉疲劳，同时我们的情绪也容易受到影响，夜间过多接触光线可能导致抑郁。

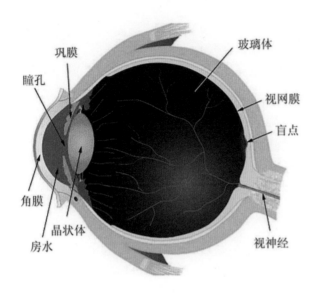

巩膜

瞳孔

角膜

房水

晶状体

玻璃体

视网膜

盲点

视神经

↑可以将眼睛形象地比喻为灯泡、电器或者灯罩，人眼的工作状态在很多方面与照相机非常相似，当眼球接受外界光线的刺激时，视觉通路把光波信息经过处理变成视觉冲动，传至大脑的视觉中枢，从而获得视觉形象，眼附属器则主要起着维护眼球及视觉通路正常工作的作用。

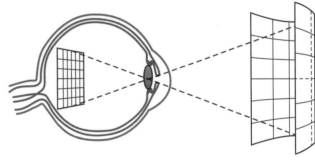

↑眼睛的工作过程大致如下：光辐射照射在自然界各种物体上，反射出明暗不同的光线，这些光线通过角膜、晶状体等结构的折射作用，聚焦在视网膜上，瞳孔控制进入眼球内的光线；晶状体通过调节作用，保证光线准确地聚焦在视网膜上，从而获得一个完整清晰的图像。

💡 **图解**小贴士

视觉的形成过程大致如下：太阳或人造光源（灯具）发出光辐射；外界景物在光照射下显现颜色和形体的差异，通过反射光形成二次光源；二次光源发出不同强度、颜色的信号进入人眼瞳孔，在视网膜上成像；视网膜上接受的光刺激（即物像）变为脉冲信号，经视神经传递给大脑，再通过大脑的解释、分析、判断而产生视觉。

第1章 照明概述

第2章 光与电的关系

第3章 照明灯具

第4章 照明量计算

第5章 照明与设计

第6章 直接与间接照明

第7章 艺术照明

第8章 照明案例赏析

3.视觉的特性

视觉的特性主要包括不同视野的成像标准、明视觉和暗视觉的区别、视觉效能以及视觉可能会造成的眼部疲劳，这里详细介绍一二。

（1）视野

当头和眼睛不动时人眼能察觉到的空间范围称为视野范围（视野）。视线周围1°～5°内物体能在视网膜中心成像，清晰度最高，这部分称为"中心视野"；目标偏离中心视野以外观看时，称为"周围视野"；视线周围30°视觉环境的清晰度也较好。视野的范围是有局限的，但人在观察事物时通过头部和眼球的活动，可以清晰地观察到较大的物体。

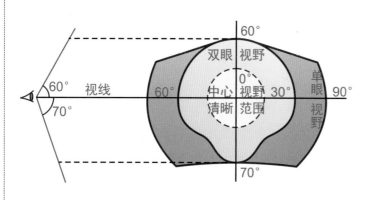

←人的视野范围是由人眼的生理特征决定的，根据感光细胞在视网膜上的分布情况，单眼视野在垂直方向的角度约130°，水平方向约180°；双眼视野较小一些。

（2）明视觉和暗视觉

视觉分为明视觉、暗视觉和中间视觉。明视觉主要由眼球视网膜上的锥状细胞起作用，通常要求的亮度至少为几个坎德拉（cd）。暗视觉主要由视网膜的杆状细胞起作用，所需的亮度每平方米一般低于百分之几坎德拉（cd）。中间视觉则介于上述两种视觉之间。杆状细胞对波长为510nm的光最为敏感，锥状细胞对波长为550nm的光最为敏感。杆状细胞不能分辨颜色，只有锥状细胞在感受光刺激时才能对颜色有感觉。

当人通过不同亮度的视觉环境时，视觉对视觉环境内亮度变化的顺应性称为适应，当人从黑暗的环境进入明亮的环境时，最初会感觉到刺眼，而且无法看清周围环境，但一会就会恢复正常视力，这种适应称为明适应，相反则为暗适应。

在实际照明设计中，要考虑到人眼的适应特征，加强过渡空间的照明设计，这样既可以避免视觉障碍的发生，同时可以增加人们对空间层次的期待心理和探索兴趣。

第1章 照明概述

第2章 光与电的关系

第3章 照明灯具

第4章 照明量计算

第5章 照明与设计

第6章 直接与间接照明

第7章 艺术照明

第8章 照明案例赏析

照明
视觉

（3）视觉效能

眼睛完成视觉工作的能力称为视觉效能，眼睛视觉效能的评价一般包含亮度对比、颜色对比、视敏度以及视觉速度等。人的眼睛在观察某一物体时主要通过该物体与其背景之间的亮度差异和颜色差异来进行识别，即亮度对比和颜色对比。背景与物体之间的亮度差异或色彩差异越大，越容易看清楚，越容易识别。视敏度是眼睛分辨两点之间最小距离的能力，即视力，它表示视觉分辨物体细节的能力，一个人能辨认物体细节的尺寸越小，视敏度越高；反之视敏度就低。

↑视觉速度是人们感受形像所必需的最小时间的倒数，此处空间内采用了多种照明方式，亮度相对较高，而光线越强，看清物体所需要的时间也就越短。

↑此处空间内整体照度较低，光线比较弱，要看清物体所需要的时间也就越长。在进行照明设计时要控制好光线的强弱度，创造一个比较好的视觉效能。

（4）视觉疲劳

在进行照明设计工作的过程中，应该充分考虑眼睛的生理特征与视觉习惯，以此作为照明设计研究的基础。

↑500～1000lx的照度范围适合于绝大多数连续工作的室内作业场所。此处照度较高，容易产生视觉疲劳。

↑当人长时间在恶劣的照明环境下进行工作时，容易产生视觉疲劳。照度在500lx以下时，也容易出现视觉疲劳状况。

4.不同光照下人眼的视觉状态

在环境亮度的明暗发生变化时，人眼的视觉状态也随之变化。在亮度大于5cd/m²的明亮环境下，人眼的瞳孔较小，视觉源自视网膜中心（中心视觉），此时锥状细胞主要提供视觉信息，人眼能分辨物体的细节，也有色彩的感觉，称为明视觉。当亮度小于0.005cd/m²时，为看清目标，瞳孔必须放大，中心视觉转变为周边视觉，此时主要由杆状细胞发挥作用，虽然能看到物体的大致形状，但不能分辨细节，也不能辨别颜色，所有物体都呈现蓝灰色，这就是暗视觉。同时，介于明视觉和暗视觉之间亮度环境下，视觉状态称为中间视觉。

我们用光谱光视效率函数来评价人眼在不同视觉状态下对光谱的灵敏度。在明视觉状态下，人眼对绿光的灵敏度最高，而对红光和紫光的灵敏度则低得多。也就是说相同能量的绿光和红光（或紫光），前者在人眼中引起的视觉强度要比后者大得多，换言之，绿光的光谱光视效率高于红光（或紫光）。明视觉光谱光视效率函数用$V(\lambda)$表示，其最大值在555nm处，通常所讨论的照明设计、照明测试等问题都在明视觉范畴内，所以$V(\lambda)$一般也可以简称为光谱光视效率函数。

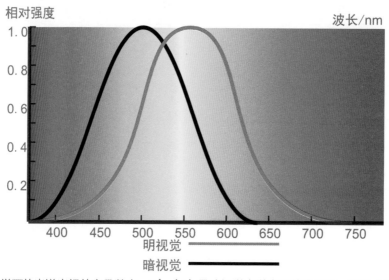

↑明视觉与暗视觉下的光谱光视效率函数表，$V'(\lambda)$是暗视觉光谱光视效率函数，其最大值在507nm处，在暗视觉状态下，蓝紫光将更能引起人眼的视觉感受；在明视觉状态下，其光谱光视效率峰值在555nm处。

图解小贴士

光污染会导致出现头昏心烦、情绪低落、身体乏力等类似神经衰弱的症状。在进行照明设计时，我们要以人眼的最佳舒适亮度为基本要求，在同时达到亮度、照度以及优秀的视觉效能等的情况下，有效地减少光污染的产生，利用现代的照明科技与理论知识相结合，设计出更优秀的作品。

5.3 光与色

←自然光源中的日光是白色的，但每天不同时间的日光颜色也有差异，标准的是出现在上午8~9点钟和下午3~4点钟无云情况下北方晴空的自然光。

→三棱镜可以将白光分解为红、橙、黄、绿、青、蓝、紫，这种色光排列成的色带称为光谱，我们可以利用这种排列关系来重新进行光的设计。

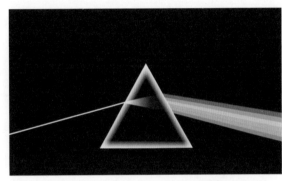

第1章 照明概述

第2章 光与电的关系

第3章 照明灯具

第4章 照明量计算

第5章 照明与设计

第6章 直接与间接照明

第7章 艺术照明

第8章 照明案例赏析

1.颜色的形成过程

光源
颜色

　　光与色是相互依存的，若没有光线，人类无法辨别任何颜色，光才是色彩的源泉。人眼对可见光很敏感，对不同波长光有不同感觉，大脑把不同的感觉解释成不同的颜色，光的颜色实质是光波不同长短的表现。光源发出的光照射在物体上，物体吸收一部分色光而反射一部分色光。

　　在颜色的形成过程中需要光源、物体、眼睛、大脑四大要素。人眼视网膜锥体感光细胞内有三种不同的感光色素，它们分别对570nm的红光、445nm的蓝光和535nm的绿光吸收率最高，由于红、绿、蓝三种色光的混合比例不同，就可形成不同的颜色，从而产生各种色觉。自身发光的物体产生的色光称为光源色，一般情况下发光体发出的是许多不同波长的单色光组成的复合光，它的颜色是由光谱能量分布决定的。自然界的大多数物体本身都不会发光，但都具有选择性地吸收、反射、透射色光的特性。不发光物体的颜色是物体色，物体色由入射光及物体对光的透射、吸收和反射光谱决定，不同的入射光线可能造成物体的颜色不同。

↑物体表面肌理影响着物体对色光的吸收、反射和透射能力，表面平整、光滑、细腻的物体，对色光的反射较强，例如镜子、磨光石面、丝绸织物。

↑表面凹凸、粗糙、疏松的物体，会使光线产生漫射现象，对色光的反射较弱，例如毛玻璃、呢绒、海绵。

用一组在三个特定方向上的红、绿、蓝三色光可以模拟出白光的效果，但当这个白光和红、绿、蓝三色光分别照在同一物体上时，虽然物体对色光的吸收与反射能力是固定不变的，但物体的表面色却会随着光源色的不同而改变，有时甚至失去其原有的色相，被吸收掉的光不同，反射出来的光也不一定相同，人们看到的物体的颜色可能就不同。

光波成色

物体的"固有色"，不过是日光下人们长期观察事物所形成的习惯而已。我们都有这样的体会，在闪烁、强烈的各色灯光下，所有建筑及人物的服色几乎都失去了原有本色，过于强烈的灯光还会减弱公众的兴趣度和参与感。此外，光照的强度及角度对物体色也有影响。所以，"色彩"并不是物质本身的物理性，只有光波波长才是物理性现实存在，物体的固有性质只是它对可见光谱中某些波段吸收和反射的能力。

↑彩色的灯光虽然可以衬托建筑物的美感，但如果光线过于强烈，单从外观来看，则会使人不能分辨建筑的原来装修色调。

↑此处拱形建筑在紫色光线的照射下，显得格外突出，光线太过强烈的紫光呈现出来的视觉效果则变成了不纯粹的黑光，也不利于城市灯光的整体建设。

2.颜色的特征

我们在观察物体时不仅仅会观察其色彩，同时还会注意到物体的形状、面积、体积、肌理，以及该物体所处的环境及其功能，它们都会影响人们对色彩的感觉。人们抽出纯粹色知觉的要素，将构成颜色的三个基本要素，即色相、明度和饱和度，定义为颜色的三个基本特征。

（1）色相

色相是指颜色的相貌与名称，也称为色调。色相是色彩的首要特征，是区别各种不同色彩最准确的标准。色相的差别从光学意义上是由光波波长的长短决定的。自然界中色相是无限丰富的，任何黑白灰以外的颜色都有色相的属性，即便是同一种类的颜色，也可以分为多种色相，如黄颜色可以分为中黄、土黄、柠檬黄等，灰颜色则可以分为红灰、蓝灰、紫灰等。

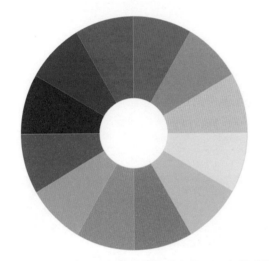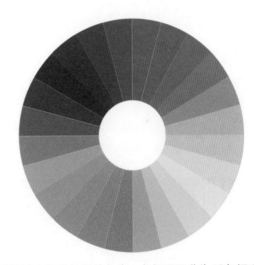

↑光谱色按照顺序以环状排列即为色相环，色相环是表示最基本色调关系的色表，色相环又分为12色相环和24色相环。

红、橙、黄、绿、蓝、紫是色相环上的基本色相，在各个色的中间加插一两个中间色，即形成含有红、橙、黄、绿、蓝、紫和橙红、橙黄、黄绿、青绿、蓝紫、红紫12种颜色的12色相环。在此基础上进一步再找出其中间色就得到24色相环。在色相环的圆圈里，各彩调按不同角度排列，12色相环每一色相间距为30°，24色相环每一色相间距15°。色相环上90°角内的几种颜色称为同类色，也称为近邻色；90°角以外的颜色称为对比色；色轮上相对位置的颜色称为补色，也称为相反色。

（2）明度

明度是指色彩的明暗程度，也称色阶。色彩的明度取决于光波中振幅的大小，人眼能区别物体的明暗，是由于物体所反射的光量有差异，光量越大，明度越高，反之明度越低。明度的区别首先是不同色相的颜色之间的明暗程度不同，在光谱中的各种颜色，黄颜色的明度最高，而紫颜色明度最低，其他各色基本处于它们之间，属中间明度；其次是同一色相的颜色也具有不同的明度，光线的强弱变化会使物体的颜色产生不同的明度变化。

第1章 照明概述
第2章 光与电的关系
第3章 照明灯具
第4章 照明量计算
第5章 照明与设计
第6章 直接与间接照明
第7章 艺术照明
第8章 照明案例赏析

↑此处空间光源为白光，照明度比较高，但又不刺眼，可以很好地展现出衬衫的色彩与质感，吸引消费者进店观赏、消费。

↑此处空间光源为暗橙光，照明度比较低，一般适用于主题餐厅，能够营造一种舒适的用餐氛围以及聊天氛围。

（3）饱和度

饱和度是指色彩的鲜艳程度，又称为纯度或彩度，是彩色与非彩色的区别，其数值为百分比，介于0～100%之间。其中可见光中纯白色光的色彩饱和度为0，而纯彩色光的饱和度则为100%，饱和度越高，色越纯，越艳；饱和度越低，色越涩，越浊。在光谱色中添加白色，可增加明度，降低饱和度。

↑此处空间照明色彩饱和度比较高，灯光色彩也比较纯粹，配合餐厅上方的悬挂式艺术挂件，营造出一种比较高雅的室内氛围。

↑此处空间照明色彩饱和度比较低，整体空间亮度也较低，可以适量增加其他色光，以此来中和纯白光，为空间提供更优质的照明环境。

运用好光与色的各种关系，能给我们的照明增添不少光彩，不同的色光环境所营造的环境氛围不同，给人的视觉效果也不同，了解关于色光的基本知识与基本应用，能够帮助我们在设计照明时从更多角度来进行设计，也能创造更多有创新性、色彩性以及丰富性的照明作品，为未来城市照明建设贡献一份力量。

3.光源色的混合

光源色是指由各种光源发出的光，如白炽灯、太阳光、有太阳时所特有的蓝天的自然光等，其光波的长短、强弱、比例性质不同，会形成不同的色光，这种色光就称为光源色。

实践证明将红、绿、蓝三种色光以不同的比例混合，基本上可产生人眼能够辨别的全部色彩，但这三种色光是无法由其他颜色混合而产生的，因此在色度学中将红、绿、蓝称为色光三原色，这三种色的混合称为加法混色。我们熟悉的电视机和CRT显示器产生色彩的方式就是属于加法混色。

光源色的混合采用色光加色法，色光加色法是由于人类的视觉神经只有分别对光谱中的红色光、绿色光、蓝色光敏感的感红、感蓝、感绿三种，当这三种色光以不同的比例刺激人眼的时候，就会在大脑中产生各种颜色的感觉。比如，绿滤色片能吸收红光和蓝光而让绿色光通过，绿色光刺激人眼，感觉是绿色的。颜料的混合采用色料减色法，与光源色的混合完全不同，颜料的混合是利用不同波长的光线在所混合的颜料微粒中逐渐被吸收引起的变化。

光源色的混合在艺术照明设计中有着诸多广泛的运用，例如通过利用不同光源的混合来制造混光照明和舞台照明等，以达到所需要的艺术气氛。在不同空间中，通过光源色的混合来契合空间本身的气质或营造特定的氛围。

↑此处KTV内的照明选用了艺术水晶吊灯来做整体照明，沙发上方又设置有亮度比较暗的小灯管，整体空间照明环境比较暗，更好地营造出KTV的歌唱氛围。

↑此处舞台照明亮度比较高，和照明环境形成鲜明的明暗比，重点突出了舞台，同时还添加其他色光，使得整体照明饱和度比较高，色彩相对比较艳丽。

合理的光源色运用才能创造一个美轮美奂的照明的环境，也可以营造出设计者想要的照明氛围，才能更好地满足不同的场所、不同人群的照明需求，才能更好地使照明不仅仅只是照明，同时是一种艺术的表现形式，也是人们寄托情感的一种新的方式。再好的照明也离不开所有这些元素的合理运用，所以一个不断进步的照明设计才能更好地创造一个人人喜爱的照明环境。

图解小贴士

颜色的特征信息是比较重要的因素。在重点分析颜色特征，选择光源的时候，色温是一个比较重要的因素。例如，卤灯更多表现为黄色，相比氙灯显现蓝色。

第1章 照明概述
第2章 光与电的关系
第3章 照明灯具
第4章 照明量计算
第5章 照明与设计
第6章 直接与间接照明
第7章 艺术照明
第8章 照明案例赏析

5.4 照明设计原则

在进行照明设计时要遵守一定的设计原则，主要包括美观性原则、功能性原则、节能性原则、安全性原则以及经济性原则，在设计时遵从这些原则，所呈现出来的照明效果才会更多样化，也会更具有意义。

照明
美观

1.美观性原则

照明设计是装饰、美化环境与创造艺术氛围的一种重要手段。为了对空间进行装饰美化，增加空间层次感、渲染出对应的空间气氛，采用装饰照明使用装饰灯具十分重要。

↑此处餐厅的主题为"海洋馆"，收银台处选用了蓝色的LED灯管，与店内的整体灯光相融合，同时也能给人一目了然的感觉，蓝色灯光美观性十足。

↑此处餐厅选用了悬挂式吊灯，这件吊灯由球形玻璃灯罩和球泡灯组成，灯光通过玻璃灯罩反射，看起来就像灯罩里有两个球泡灯一样，颇具设计美感。

←此处餐厅内选用了灯带与艺术挂件相结合的方式来照明，形状类似音符的灯带搭配内饰水彩画的鸡蛋壳，趣味十足，令人忍不住看了又看。

←艺术造型灯具本身就极具装饰性，此处空间内的吊灯灯罩类似开屏的孔雀，暖黄的灯光照射在灯罩上，灯影在顶棚上舞动，光影效果非常具有装饰美感。

2.功能性原则

照明设计需要符合功能性照明的要求，根据不同的场合、不同的空间、不同的照明对象，要选择不同的照明方式和LED亮化照明灯具，并确保恰当的照度与亮度。

↑此处卧室设有壁灯和内嵌筒灯，带有灯罩的壁灯光线比较柔和，顶棚处的内嵌式筒灯以其足够的亮度为夜间行走提供了照明。

↑对于面积小，又比较狭长的空间来说，此处衣帽间中心设有内嵌式筒灯，衣柜内部也设有射灯，为基本的选衣、行走提供了照明。

↑此处厨房在清洗区域设有足够亮度的灯具，能够方便使用者进行厨房的相关清洗工作，餐桌上方设有艺术吊灯，艺术吊灯也是很好的装饰。

↑此处卫生间在镜子上方设置了LED灯管，方便使用者进行洗漱和化妆工作，由于卫生间面积较小，LED灯的亮度已经足够。

💡 图解小贴士

灯光的表现方式主要包括点光表现、带光表现、面光表现、激光以及静止灯光和流动灯光，点光是指LED亮化灯具的投光范围小且集中在一个方向的光源；带光是将LED亮化光源通过设计，布置成长条形的光源带；面光是指建筑外墙立面、室内顶棚等做成的放光面；静止灯光的灯具固定不动，光照静止不变，也不会出现闪烁的灯光，流动灯光具有丰富的艺术表现力，是舞台灯光和都市霓虹灯广告设计中常用的手段；激光则是由激光器发射的光束。

第1章 照明概述
第2章 光与电的关系
第3章 照明灯具
第4章 照明量计算
第5章 照明与设计
第6章 直接与间接照明
第7章 艺术照明
第8章 照明案例赏析

3.安全性原则

照明设计的安全性原则主要体现在设计要遵守相关的照明安全规范，要达到相对的安全可靠，设计不能造成光污染，灯具的安装位置与安装数量要多方考量，尽量避免眩光的产生，所设计的照明一定不能对人眼造成伤害。

照明
安全

↑此处客厅在顶棚内设有暖白光的灯带，同时还配有内嵌式筒灯，整体亮度不至于太高，而对使用者的眼睛造成伤害。

↑此处餐厅选用了艺术吊灯，吊灯的悬挂长度比较合适，不至于太高，造成亮度不够，造成视觉疲劳；也不至于太矮，影响正常用餐。

↑此处商店在陈列区设置了轨道射灯，为鞋子提供了局部照明，同时货柜上选用了射灯作为重点照明，整体灯光比较协调，有效避免了眩光的产生。

↑此处餐厅在每一个座位上方都设置有吊灯，灯光从灯罩的间隙中向四面八方发射，既为用餐、阅读提供了适合的照度，同时也有效减少了光线的直射度。

照明的安全性一直是一个反复被提起的话题，和节能性一样，需要被重视。节能性原则和安全性原则都是照明设计的基本原则，设计可以通过调节灯具的功率，灯具的安装位置，灯具的照明亮度以及照明方式等来达到安全性原则以及节能性原则。在未来的照明设计中要充分结合时代特色，并随时更新照明安全标准，与时俱进，力求设计出具有时代特色的作品。

第1章 照明概述

第2章 光与电的关系

第3章 照明灯具

第4章 照明量计算

第5章 照明与设计

第6章 直接与间接照明

第7章 艺术照明

第8章 照明案例赏析

照明经济

4.经济性原则

　　照明设计的经济性原则不是说LED亮化照明灯具的数量越多越好，以亮度取胜，关键是要通过科学设计、合理设计，来进行整体的规划照明设计。照明设计的根本目的是满足人们视觉上、生理上和审美心理上的需要，使照明空间最大限度地体现出实用性价值和美观性价值，并达到使用功能和审美功能的统一。

↑面积比较小的客厅，一般灯具不需要设置太多，此处客厅在其顶棚处设置有三个间距相等的内嵌式筒灯，为客厅的基本活动提供了足够的亮度。

↑采光效果比较好的区域，可以只在工作的区域设置灯具即可，此处卧室内两面都有采光通道，因此只在床头、床尾拐角处以及书桌处设置灯具，既经济，也能提供需要的照明。

↑此处客厅在顶棚处选用了亮度较高的内嵌式筒灯作为整体照明，同时沙发处也设置了内嵌式筒灯做局部照明，两种照明方式，为客厅内的不同活动提供了足够的照明度。

↑此处画室三面都有采光通道，在白天，光照度已经足够，而在夜晚，球形的艺术吊灯不仅为绘画创造提供了合适的亮度，所营造的艺术氛围也为绘画创作提供了灵感，整体照明功率也较低。

图解小贴士

　　LED亮化照明灯具随着当代新技术新材料快速的发展，样式品种繁多,灯具的造型丰富多样，光、色、形、质可以说是变化无穷。LED亮化照明灯具不仅为人们的生活提供基础性的照明条件，也是在照明环境中设计出品质生活。

5.5 照明设计程序

　　良好的照明设计是从视觉认知和解决视觉功能及作业导向开始的，与一些设计领域的观点相反，照明设计不是一门艺术。有一种观点认为，做出好的照明设计具有某种神秘性，但其实并不存在这种神秘性。富有经验的照明设计师凭借其丰富的照明知识，兼顾适当的光照数量(照明水平)和合理的光照质量（视觉舒适），成功提升特定空间的氛围及特征。

　　有特殊用途的房间（如舞厅或者教堂）或建筑形式（如穹顶或陡峭面的顶棚），从一开始就要求将注意力放在照明设计的美学和塑形方面。但是在大多数情况下，最好是在解决了功能问题后，再考虑美学方面的问题。

1.程序1：确定照明设计标准

　　照明设计标准主要包括照明标准、照明质量标准以及法规标准，在构思设计前，先确定希望达到的设计目标。确定光的数量和质量有关的标准，它们能保证你设计的照明能够产生适量的光；其他的标准，尤其是法规及实施标准，能确保你的设计达到标准要求。

（1）照明标准

　　根据空间视觉作业的复杂度和困难度，照明机构对照明标准进行了分类，可以按照以下数据，为每个视觉作业选择合适的标准。

不同复杂度和困难度的照明标准	
类别	照明标准
A类	公共空间30lx
B类	简单定向50lx
C类	简单视觉作业100lx
D类	强对比大尺度目标作业300lx
E类	强对比小尺度目标作业500lx
F类	弱对比小尺度目标作业1000lx
G类	接近视觉极限的作业10000lx

　　推荐的照明标准需要注意以下几点，一是推荐的照明标准是制定相应法规的基础，如生命安全法规和健康法规，举例来说，中国消防协会规定紧急疏散通道平均照明标准为10lx；二是要求设计者能根据项目需求调整标准等级；三是选择的设计标准应是照明作业的平均水平。

照明协会推荐的照明水平比例关系应该是：照明要求应该为作业区域标准值的67%～133%；邻近环境标准值的33%～100%；周围环境标准值的10%～100%，通过设计来维持照明这种比例关系，人们的眼睛将会保持在一个良好适应的状态，并且能对视觉刺激做出快速反应。

↑大多数办公室属于D类标准，即这种作业的合理照明标准是300lx，会议室照明的空间视觉除了基本的交流，还有视听设备的操作，因此照度不能低于300lx。

↑有些办公室作业，例如会计室或者图片阅览室等，由于工作需求的不一样，可能照明标准要求达到500lx，甚至是1000lx。

（2）照明质量标准

是否达到照明质量标准是一个照明作品最基本的要求，影响照明质量标准的因素主要包括空间与灯具的总体外观；颜色的质量和显示；自然光照明的整合与控制；眩光的控制；频闪；作业中光分布的均匀度；房间表面的材质光滑度；对兴趣点的重点照明；阴影（合适的与不合适的）；照明设备的合理定位；照明灯具以及方式的可控性及灵活性。

（3）法规标准

影响建筑照明的相关法规有以下内容。

●确保建筑照明安全。要求照明电线安全，对灯具进行应用检测，经过专业公司的检测并标贴证明标志。

●对不同区域定制专业安全限制。对居住区（尤其是对储藏室、水池周围、温泉区、喷泉、水疗按摩治疗等其他临水区域）内何处可以布置照明做出规定及限制；对工业设施以及其他含有易燃、易爆气体场所的照明做出规定及限制；使用高压照明设备的限制，尤其限制其在家庭中的使用；使用低压照明设备的限制，尤其限制使用裸露电缆。要求在商业建筑以及机关大楼内设立紧急照明，以便紧急事件发生时能安全疏散。

●确保建筑物以最小的能耗运行。这对于居住区照明影响较小，但对于非居住区建筑的能耗限制意义重大。

●确保建筑物适用于所有人。包括哪些行动能力上有困难的残疾人或行动不便的老年人。

●确保医院和护理机构对特定区域限制最低照度标准。

●在商业厨房或自助餐厅等餐饮服务场所，对照明设备加设保护性透光罩。

第1章 照明概述
第2章 光与电的关系
第3章 照明灯具
第4章 照明量计算
第5章 照明与设计
第6章 直接与间接照明
第7章 艺术照明
第8章 照明案例赏析

2.程序2：记录建筑数据以及相关约束条件

设计师要注意那些可以控制或影响照明设计结果的建筑因素。窗户的位置和尺寸是可能影响照明设计的两个因素。此外，结构系统及其材料、顶棚高度、隔墙构造或原料、顶棚系统及其材料或装饰构件等，它们对照明方案常常也有很大的影响。

当进行照明设计时，必须测量并记录所有这些因素。个人观察是测量的基本方法，其价值更大。与建筑管理者、维护人员及使用者进行讨论常常会得到建筑的问题和特点的第一手资料。无论使用何种方法来收集信息，有计划地记录下这些数据，它们将在今后的照明设计过程中起到非常有用的作用。

当一个新建筑在其设计阶段，特别是当其设计初期就已经适当地考虑了照明设计，照明因素也许会影响建筑设计方案，这样能获得更好、更经济的建筑设计效果。如在建筑设计过程初期就考虑到顶棚系统和顶棚空间内的管线布置、上下水管布置以及适用性很强的作业与环境照明系统的设计，都将使建筑整体设计的合理化进行得更为顺利，从一开始，建筑设计团队中就应该包括专业的照明设计师。

3.程序3：确定所需满足的照明要求

我们可以用具体实例说明这一程序。在住宅餐厅一例中，首要的照明重点是餐桌，看清食物和用餐者表情是应最优先考虑的；另一个是需要看清用作工作台的餐具柜上的摆设；第三是需要给墙上的油画进行重点照明。

按照程序1中的标准值，记录每个房间的照明需求和希望达到的照明水平，照明水平可以根据设计者的个人判断来调整。在会议室中，首要的照明任务是坐在会议桌边的人进行阅读和记录，这需要大约500lx的照度，选择用于桌面照明的灯具时，应考虑到对桌边人脸的照明使人感到舒适。在会议桌四边外围空间需要200~300lx的环境照度，满足人们在文件柜中取放物品的视觉需要。

↑住宅餐厅的角落并不用照亮，不用进行外围边缘照明，照亮餐桌的灯具应能为周围环境提供一定数量的照度。

↑对墙上展示的图面材料或艺术品，照度为200~300lx的重点照明；那种相对较小的单功能会议室，依靠重点照明就可以满足会议桌周边的照明需要。

第1章 照明概述

第2章 光与电的关系

第3章 照明灯具

第4章 照明量计算

第5章 照明与设计

第6章 直接与间接照明

第7章 艺术照明

第8章 照明案例赏析

对小型旅馆中的大厅，必须处理几项照明区域。在建筑物入口处，包括门廊，通常需要贯穿整个空间的环境光。关键的照明任务是在接待台上，需要对接待台进行重点照明，使刚达到者可以快捷、轻易地找到它，在这里接待员和宾客要进行读写，同时在后面的工作台上，接待员要进行阅读和记录。值班经理需要设置小型工作台灯，休息区也需要为临时的短时间阅读设置环境光。

↑旅馆具有居住的功能，在前台解答区中要创造一种家居气氛，因此在形成完整的照明设计时，一定不能缺少这一部分。

↑对于小型旅馆而言，不同区域的照明要求会有不同，如餐厅可设置照度较低的局部照明，就餐区需要为交谈及临时的短时间阅读设置环境光。

4.程序4：选择照明系统

该程序将确认照明设计方案中有关选择照明系统这一重要元素。光源的放置位置是关键问题，需要考虑光线应该来自上方还是视平线高度（或者偶尔来自下方），应该采用直射光还是漫射光，光源应该是可见的还是隐蔽的，建筑条件和限制（由于缺乏足够的顶棚空间而导致顶棚高度有限，或是难以将电力送达特定位置）常常影响这些问题的解决。

5.程序5：选择灯具及光源系统

根据程序4中决定的照明系统来选择灯具及光源类型。有关灯具的构造、外形和尺寸等细节，不仅要使它与建筑构造成为和谐的统一体，产生的光线也要符合建筑空间的整体感觉。美学方面的协调要求常在选择灯具方面起主要作用，外形、风格、材料及颜色应与建筑特点一致，并且和室内装修及家具布置的细部协调。

光源的选择同样有其专门的标准，其中光通量输出、显色性、是否符合能耗标准以及光源寿命等都是重要因素。当光源品质对于满足经济性、法规或颜色等要求起决定性作用时，光源的选择标准常成为选择灯具的决定因素。在大多数情况下，灯具和光源的选择是一个相互影响的过程，在此过程中，两者的选择被作为一个整体来考虑。

图解小贴士

正常使用中，应该合理选择照明控制方式，根据天然光的照度变化安排电气照明点亮的范围，并且根据照明使用特点，对灯光加以分区控制和适当增加照明开关点。

6.程序6：确定灯具的数量及位置

灯具的数量会因每种组合输出光通量的不同而变化，例如住宅中的客厅，除了布置顶棚、吸顶灯和灯带外，有些家庭会单独设置夜灯，在夜间睡觉期间，开启夜灯就可以方便家人上卫生间。大多数情况下，照明设备被嵌入、附着或悬挂在顶棚上，但都会按一定规律来布置，在视觉上形成清晰的几何图形。在空间或家具布置不规则的情况下，灯具布置更适合使用自由或不规则图案。

7.程序7：开关及其他控制设备的布置

在照明设计过程中，这是最具逻辑性及常识性的一步。设计者必须考虑到使用者的通行路径、房间用途以及使用方便的需要，才能很好地布置开关及控制系统。拥有丰富经验并了解控制技术，才能设计出可行且使用户满意的方案，设计应当考虑到控制技术方面的最新发展，如断路器、声控开关等。

8.程序8：美学及无形因素

在此之前的所有步骤讲述的都是照明设计过程中的功能性问题。然而对任何一个关注照明设计的人来说，内在的美学或情感因素显然都对照明方案是否成功具有重要意义。平凡的空间借助于合适的照明方案，也能创造出成功的令人满意的效果。在完成照明设计的过程中，必须考虑美学及情感因素，而它们在本质上是无形和难以定义的。以下几点可帮助界定那些在照明设计过程中必须考虑到的无形因素。

（1）大小和尺寸

大小和尺寸对所有空间来说都是重要的设计因素。有一些适用于住宅空间或是私人办公室的照明灯具，并不适用于大型的、豪华的大厅或礼堂。

（2）材料及面饰

建筑的材质在影响灯具及光源的选择方面扮演非常重要的角色。

↑嵌入式或吸顶式灯具常用于内部空间高度为2.8m的房间，对于太高的空间，它们就不适合。此处办公空间比较低矮，不适合使用嵌入式筒灯作为照明。

↑仿石质墙地面具有凹凸不平的质地，需要具有特殊的光束分布及显色性的照明来展现它们的特点，以尽可能充分地展现出它们与众不同的材质特性。

（3）手法

对于照明设计问题来说，不存在"准确""精确""完美"的照明设计，要想达到照明设计的美学构想，从简单到复杂的手法都可以用到。在多数情况下，解决方案或多或少有成功和值得赞叹的方面。设计师应该力争方案可行有效，来满足客户和使用者对于功能、美学和心理方面的需求。要想获得令人满意的空间质量，就必须在进行照明设计时牢记这些重要程序。

↑起居室一般会需要一个用于谈话的舒适角落，可以选用带有半透明灯罩的台灯，可以产生温馨的漫射光，能够达到所需效果。

↑珠宝店可以利用隐藏式柜台灯、低压射灯、嵌装式射灯以及架下荧光灯，精心组合来提供照明，由此产生的精致的聚焦照明，能很好凸显珠宝的高贵品质。

（4）创造环境氛围

很多房间和空间都期望营造某种环境氛围。所追求的环境氛围通常是客户或使用者的要求与设计者的想象力结合的产物，照明设计能否体现所需环境氛围，是照明设计方案成功与否的关键。

↑客厅的照明所要营造的环境氛围应该是温馨而吸引人；行政办公室则是应该展现能力和成就的区域，环境氛围要能激励人心，使人努力上进。

↑酒店大厅的照明营造的环境氛围应该能表现华贵的感觉。

第1章 照明概述
第2章 光与电的关系
第3章 照明灯具
第4章 照明量计算
第5章 照明与设计
第6章 直接与间接照明
第7章 艺术照明
第8章 照明案例赏析

5.6　照明设计步骤

照明设计的目的在于用最适当最合理的方式将照明设施的机能与人们的生活有机地结合起来，创造出使用安全方便，照明质量好，并具有一定气氛的照明环境。在进行照明设计时，应首先考虑照明环境的使用功能和性质，深入分析设计对象，全面地考虑与照明设计相关的功能、形式、心理以及经济等诸多要素，以此为据制定出设计方案，并按照科学的照明设计步骤予以实施。照明设计在实际操作中有以下几个步骤。

1.方案准备阶段

在方案准备阶段，首先要明确照明设计对象的使用功能，明确其使用目的及用途。如会议室、办公室、店铺、餐厅等，对于空间的不同用途可能采取的设计手法是不尽相同的。有的空间可能有多种用途，在设计时需考虑满足其可能的所有功能需要。

因此，在方案准备阶段，首先应尽可能详尽地了解设计对象的使用功能，以此作为下一步设计的重要依据；其次，要了解空间的建筑与装修设计方案，如空间的大小、布局、风格、质地、色彩及家具陈设等，其中平面布局情况对照明设计有着重要的指导意义；然后，调查研究类似的案例，收集相关资料，给设计方案提供市场依据，如果是商业空间，还要考虑竞争对手以及相邻空间的设计方案；最后，将前面的分析内容与收集的资料（包括甲方的设计任务书、空间原始情况等）进行整理，挑选出对照明设计有指导意义的内容，以文字、图片及录像的形式整理成照明设计指导书。

↑在进行照明设计之时要充分考虑到空间内的所有功能需求，例如体育馆中可能进行体育比赛，也可能有舞台表演，其照明也需要有不同设计。

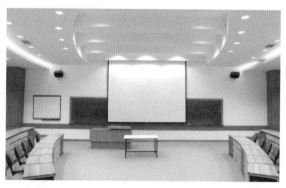

↑会议室除去会议、交流的功能外，可能还会兼具舞厅以及电影放映区等的功能，在进行照明设计时这些都要提前确定好。

> ### 图解小贴士
>
> 在照明设计方案确定之前一定要实地进行考察，对于某些特殊区域，其照明要有不同的设计方式，要根据区域的特性，设计出相对应的照明。

2.方案构思阶段

根据前一阶段所整理的资料，对设计进行整体构思，确定整体风格。在此过程中，应对建筑及装修风格有深入的理解，力求照明设计能与之协调，并凸显其特点。

依据空间对视觉工作的要求和环境的情况，按照设计规范的照度标准，确定各个空间的照度，保证在该空间进行的各项工作和活动能够有效地进行，并且能够持久而无不舒适感，同时，应注意各房间亮度的平衡。

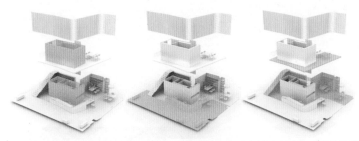

↑此处为银行办公照明区域分析图，根据空间的使用和布局情况，对光的布局与区域进行界定，确定光照的分布，规划重点照明、工作照明和一般照明，同时结合空间性质与特点对照明布局进行初步设计，并选定最后照明的手法及形式。

3.深化设计阶段

在深化设计阶段，从照明光线的投射方向、照度要求、眩光的控制以及预算控制和维护成本等因素来确定光源、灯具的布置及安装方法。

确定好设计照明器具的式样，并选择符合室内气氛的照明灯具及光源的光色，将照明设计与装修设计有机结合；确定照明控制方案和配电系统，计算各支线和干线的电流，参考建筑的供电系统来确定供电方式和负载分配，以及配电箱中断路器的型号和规格；绘制电路施工图，包括电气施工平面图、配电系统图、设计说明及主要材料表；编制电气工程概算书或预算书，一般按照甲方指定的预算定额及统一基价表进行编制。

4.施工阶段

最终确定施工采用的灯具型号、规格及品牌，包括成品灯具和定制灯具。现场灯光的确认和调整，包括可调式射灯投射角度的调整，吊灯垂吊高度的调整等。施工完成后测定空间的灯光强度，需要时可通过改变照明光源或者其功率大小来调整空间的灯光强度和整体照度水平，使之达到光照数量和光照质量的完美统一。

图解小贴士

照明设计师与建筑师之间的沟通与合作日趋密切，优秀的照明设计和照明概念一定要尽早进入建筑方案，融入建筑设计和室内设计，使"光"成为建筑和室内外空间设计的有机组成部分，支持并表现建筑和室内设计的创意，实现用户的期望和要求。

第1章 照明概述
第2章 光与电的关系
第3章 照明灯具
第4章 照明量计算
第5章 照明与设计
第6章 直接与间接照明
第7章 艺术照明
第8章 照明案例赏析

↑此处为银行内部办公照明，照明的目的一是要为工作人员与公众的交谈提供一个舒适的照度环境，二是能够更好地展现银行特色。

↑门头上暖黄色的灯带很好地弱化了银行的物质感，增强了银行的亲切度，并且照明也能很好地展现出门头的特点，与银行内的照明互相呼应。

↑灯具的数量也是在最后施工阶段需要确定的，为了达到更好的照度水平，有效地控制灯具的数量，通过在照明方式的改变上对最后的照明效果产生影响。

↑对于照明设计的灯具而言，质量好是必须要达到的一个标准，不仅要美观性，同时也要安全性，选购灯具时要多看几家，不能因为价格便宜就随意选择。

　　一个优异的照明设计不是一蹴而就的，所有的设计过程都需要反复查验，每一个设计阶段都需要非常严谨，相关的数据也需要多次地进行研究和分析，确保设计科学化，使照明设计能够达到国际照明标准。在设计的过程中，要细心、耐心，同时设计也要求设计师有足够的创造力，所设计的照明作品能有自己的特色，同时又能兼具照明该有的特色，例如功能性。设计师的创造力不仅体现在照明的形式在以往的基础上能够更具时代特色，同时也能更好地营造出所需的环境氛围，能够满足这个时代的不同需求。

　　所有的照明设计作品都是时间的产物，最后也只有时间能检验它们，在进行照明设计时要充分考虑到各方面因素，例如灯具的使用寿命，在使用过程中可能会出现的问题，出现问题如何解决，如何更好地避免这些灯具所产生的问题等。

第6章
直接与间接照明

识读难度：★★☆☆☆

核心概念：遮光线、受光面、距离、节能

章节导读：

　　随着科学技术的发展和人们生活水平的提高，现代空间装饰发展迅速，在照明设计中最常用的两种方式是直接照明与间接照明，它们像一对孪生兄弟，为现代空间中不可或缺的重要组成部分，使照明功能已不只满足于单一的照明需要，而是向多元化的装饰艺术转化。在空间中巧妙运用直接照明与间接照明，可以使空间受光均匀，制造柔和的视觉感受，并能有效较少眩光。现代环境空间装饰追求舒适优美的光环境，于是这两种照明有机组合便成为实现这一目的的一种理想选择。

图解照明设计

6.1 选择照明方式

只有通过光线，我们才能看到万物景象，在照明设计中强调采光与照明不仅能够满足视觉功能上的需要，并且使环境空间具有相应的气氛与意境，增加了环境的舒适度。在日常生活中，自然光主要来源于太阳的直射与反射，白天地球所接受的太阳光是直射，夜间月亮及云彩所映射的光源为太阳光的反射。

采光照明原理

在空间设计中，利用自然光主要是顶部受光与侧部受光两种，空间内的光源通过顶棚、窗户及门洞获取。一般而言，顶部天窗垂直采光的亮度是侧面普通窗采光的3倍，这种光源常见于建筑顶楼。侧面采光一般通过靠墙开设的窗户射入室内。我国处于北半球，住宅建筑的定制形式以坐北朝南居多，一般是南北方向开窗，采光时间长，光源稳定，光线适中，可以通过窗帘、帷幔等装饰物件来调节。而少数在东西方向开设窗户的房间，采光时间就不确定，光源变化多样，在设计功能空间时就应重新考虑上述空间的采光特征。实践证明，室外的光线强度相当于室内靠窗边区域光线强度的10倍，而室内靠窗边区域的光线强度又是靠内侧区域光线强度的10倍。

在选择照明方式时，应当参考正常的日光采光方向与光线强度，将自然采光与人工照明相结合，将白天与黑夜的照明感觉差异变小。

↑不是所有的建筑都带有天窗，但是天窗的照明效果是最好的，最接近自然采光，能对室内进行全局照明，应当参考这种采光方向与强度。

↑远离外墙门窗的室内空间，通常会采取直接照明来模拟阳光，直接照明会采用投射性能较好的筒灯、射灯、吊灯。同时采取间接照明来模拟天空反射光。

💡 **图解**小贴士

采光照明的原理主要是指模拟自然采光效果与强度。效果源自于照明方式，或是直接照明，或是间接照明。强度源自于灯的强度，选用不同功率和照度的发光体。

（1）直接照明

光线通过灯具射出，其中90%~100%的光源到达照射面上，这种照明方式为直接照明。直接照明具有强烈的明暗对比，并能造成有趣生动的光影效果，可以突出工作面在整个环境中的主导地位，但是由于亮度较高，应防止眩光的产生。例如，射灯、筒灯、吸顶灯、带镜面反射罩的集中照明灯具等，其优点是局部照明，只需小功率灯泡即可达到所需的照明要求。

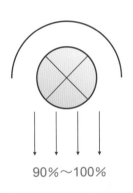

90%~100%

↑直接照明是指90%~100%的光源到达照射面上，光照强度高，照明效果好。

↑直接照明适用于对采光要求较高的学习空间、办公空间、商务空间。

（2）半直接照明

半直接照明是将半透明材料制成的灯罩罩住光源上部，60%~90%以上的光源集中射向照射面，10%~40%被罩光源又经半透明灯罩扩散而向上漫射，其光线比较柔和。半直接照明常用于净空较低的房间。由于漫射光线能照亮平顶，使房间顶部高度增加，因而能产生较高的空间感。例如，台灯灯罩、落地灯灯罩上部都有开口，向上照射的光线再通过顶棚投射下来。

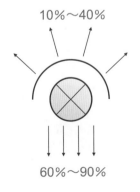

10%~40%

60%~90%

↑半直接照明是指60%~90%以上的光源射向照射面，10%~40%光源经半透明灯罩扩散而向上漫射。

↑半直接照明适用于对采光要求较高，同时兼顾休闲娱乐效果与营造轻松氛围的餐饮空间、会议洽谈空间。

照明对比

照明光线

第1章 照明概述

第2章 光与电的关系

第3章 照明灯具

第4章 照明量计算

第5章 照明与设计

第6章 直接与间接照明

第7章 艺术照明

第8章 照明案例赏析

（3）间接照明

间接照明是将光源遮蔽而产生的间接光的照明方式，其中90%～100%的光源通过顶棚或墙面反射作用于照射面，10%以下的光线则直接照射照射面。通常有两种处理方法，一是将不透明的灯罩装在灯具的下部，光线射向平顶或其他物体上反射成间接光线；另一种是把灯具设在灯槽内，光线从平顶反射到室内成间接光线。这种照明方式单独使用时，要注意不透明灯罩下部的浓重阴影。通常和其他照明方式配合使用，才能取得特殊的艺术效果。由于间接照明的光线几乎全部反射，因此非常柔和，无投影，不刺眼，一般为安装在柱子、顶棚凹槽处的反射槽灯。

照明
方式

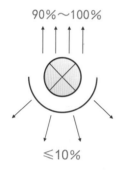

↑间接照明是指90%～100%的光源通过顶面反射，10%以下的光线则直接照射照射面。

↑这些间接照明适用于对采光要求不高的通过空间。

（4）半间接照明

半间接照明与半直接照明相反，将半透明的灯罩装在光源下部，60%以上的光源射向平顶，形成间接光源，10%～40%部分光线经灯罩向下扩散。这种方式能产生比较特殊的照明效果，使较低矮的房间有增高的感觉，也适用于小空间，如门厅、过道等。市场上大多数吊灯都采用这种照明方式，光源分布均匀，室内顶面无投影，显得更加透亮。

照明
效果

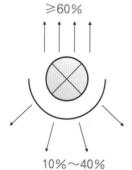

↑半间接照明是60%以上的光源射向顶面，10%～40%部分光线经灯罩向下扩散，光照较弱。

↑此半间接照明适用于对采光要求不高，且内空较低的休闲空间。

（5）漫射照明

漫射照明是利用灯具的折射功能来控制眩光，40%～60%的光源直接投射在被照明物体上，其余的光源经漫射后再照射到物体上，光线向四周扩散漫散，这种光源分配均匀柔和。漫射照明主要有两种形式，一种是光源从灯罩上口射出经平顶反射，两侧从半透明灯罩扩散，下部从格栅扩散。另一种是用半透明灯罩将光源全部封闭而产生漫射，这类照明光线性能柔和，视觉舒适。通常在灯具上设有漫射灯罩，灯罩材料普遍使用乳白色磨砂玻璃或有机玻璃等，一般用于门厅玄关或阳台处。

漫射照明

40%～60%

↑漫射照明是指40%～60%的光源直接投射在被照明物体上，照明效果较弱，具有较强的装饰效果。

↑漫射照明适用于对采光要求不高的休息空间、会议空间的局部照明。

通过适当的照明方式可以使色彩倾向与色彩情感发生变化，适宜的光源能对整个家居环境色彩起到重要影响，能改善家居的空间感。例如，直接照明可以使空间比较紧凑，而间接照明则显得较为开阔；明亮的灯光使人感觉宽敞，而昏暗的灯光使人感到狭窄等。不同强度的光源还可使装饰材料的质感更为突出，如粗糙感、细腻感、反射感、光影感等，使家居空间的形态更为丰富。

经过上述分析，直接照明与半直接照明都属于直接照明范畴，用于对采光强度较高的空间，灯具造型相对简单。间接照明、半间接照明和漫射照明都属于间接照明，适用于对采光要求多样性、丰富性的空间。在照明设计中，直接照明约占30%，间接照明占70%。更多的环境空间会采用间接照明或以间接照明为主导的照明形式。

图解小贴士

住宅空间设计是各种照明方式的集中地，灯具的选用应根据使用者的职业、爱好、生活习惯并兼顾家居设计风格、家具陈设、施工工艺多种因素来综合考虑。室内空间的灯光配置既要统一，又要营造出各自不同的氛围。

客厅一般使用庄重明亮的吊灯为主要照明灯具，而在主要墙面与边角处配置局部射灯或落地灯。餐厅灯具选用外表光洁的玻璃、塑料或金属材料的灯罩，以便随时擦拭，利于保洁，而不宜采用织物灯罩或造型复杂添加各种装饰物的灯罩。卧室一般无需采用很强的光源，但灯光的开关应设置合理，可用壁灯、台灯、落地灯等多种灯具联合局部照明，使室内光源增多，层次丰富而光线柔和。书房除了配置用于整体照明的吸顶灯外，台灯或落地灯是必不可少的。厨房、卫生间由于长期遭受油污、水气侵扰，应采用灯罩密封性较强的吸顶灯或防潮灯。

第1章 照明概述

第2章 光与电的关系

第3章 照明灯具

第4章 照明量计算

第5章 照明与设计

第6章 直接与间接照明

第7章 艺术照明

第8章 照明案例赏析

6.2 直接照明

　　直接照明相对于间接照明而言,照明方式比较简单,它是有90%的光照是直接照射到被照射物体表面上的,一般使用的灯具有射灯、筒灯等直接型照明灯具。直接照明一般不会单独使用,而且不是每一个空间都适合使用直接照明,这一点要注意。

　　直接照明比较省钱,光能利用效率也比较高,但在使用直接照明的过程中要记住避免眩光的产生,要控制好灯光的投射角度,避免出现灯光投射角度太大的情况。选择投射角度较小,或是办公室常使用的防眩隔板灯具都会是省钱又护眼的。

↑光是通过直线传播的,直接照明使用不当会造成眩光,同时光线遇到物体还会产生阴影,在使用直接照明时要控制好光线的照射方向。

↑可以通过控制灯具的安装高度来对最终的照明效果加以调整,使用悬挂式吊灯作为直接照明的灯具时要注意安装的高度不宜过低,以免产生重影。

↑用射灯做直接照明的灯具时要注意调整好射灯的亮度以及照射方向,不要将光线直接照射到计算机屏幕上,以免引起视觉不适。

↑建议使用直接照明时能够与其他照明方式相混合,此处使用了直接照明和间接照明,很好地将光线平衡化,不会造成某处光线太亮而引发眩光问题。

↑在用餐区域，良好的直接照明可以增强食物的美感，一方面可以营造一个合适的用餐氛围，另一方面也能增强食欲。

↑咖啡店的菜单处一般不太建议使用直接照明，由于亮度过高，可能会导致消费者看不清楚菜单上的文字。

↑对于空间面积比较小的区域，使用直接照明可能会产生阴影，从而造成不好的视觉效果，不仅不能达到照明目的，对人眼也有伤害。

↑此处服装店内展示区为弧形，射灯所带来的直接照明在服装上方形成小面积阴影，有效地增强了服装的立体感和质感。

💡 图解小贴士

　　一般照明是指不考虑特殊部位的需要，为照亮整个场地而设置的照明。一般照明是常用的照明方式，适用于室内照明、室外照明及特殊场所（如隧道）照明，直接照明和间接照明均属于一般照明。

　　室内一般照明灯具，目的是为环境提供均匀的照明。要使一个有特定长宽高的空间得到基本均匀的照明，最简单易行的方法是选择适宜距高比值的灯具，以最少数量的灯具得到需要的均匀照度。对一个具体的室内空间，高的距高比并非唯一的选择，对一些空间很高的环境，较小的距高比也是可以接受的，选择距高比为1.4的灯具也可以减少灯具的数量。当然要达到要求的照度，还应选择有适宜光通量的灯具。

第1章　照明概述
第2章　光与电的关系
第3章　照明灯具
第4章　照明量计算
第5章　照明与设计
第6章　直接与间接照明
第7章　艺术照明
第8章　照明案例赏析

6.3　间接照明

间接照明也称为反射照明，是指灯具或光源不是直接把光线投向被照射物，而是通过墙壁、镜面或地板反射后的照明效果，是把直接的自然光转变成温和的扩散光的一种光衰减的照明方式。

**反射
照明**

1.遮光线

要使间接照明达到更好的效果就必须意识到遮光线的存在。室内的间接照明对光线有较高的要求，直接裸露光源是不正确的，但如果为了遮光而使受光面上出现不舒服的遮光线也是不正确的。在生活中，为了得到理想的光源效果，在家居空间装饰灯饰的时候，要考虑好光源的位置，要意识到遮光线的存在，考虑好光源与遮光板之间的相对位置来进行照明细部的剖面设计。

↑此处框式空间内，使用了非对称间接照明，以此来创造出层层递进的感觉，逐步引人入胜，灯光比较简洁，能够体现出极简的产品造型风格。

↑此处住宅空间内选用了合适亮度的直接照明与提高氛围的间接照明，混合的照明形式不仅能有效地提高灯光利用率，同时光线也不至于太刺眼。

↑此处酒店客房照明经过遮光线处理后，光线直接照射量被有效地减弱，整体照明环境也趋向一个比较柔和的状态，不会让人感觉不舒服。

↑此处鞋店的照明经过遮光线处理后，可以有效防止裸露光源或出现不自然的遮光线，这样有利于让光的整体效果发挥到极致。

2.受光面

要使间接照明达到柔和、自然、感染力最大的效果，必须要注意间隙、遮光线以及质感这三大要素。通常来讲，光的扩散效果与间隙有着重要的联系，当间隙不够时，光就容易受到影响，从而形成强烈的明暗对比，看上去不够自然，导致光线没有得到扩散，所以需要通过调整间隙大小来产生渐变的光效。

光面
条件

第1章 照明概述

第2章 光与电的关系

第3章 照明灯具

第4章 照明量计算

第5章 照明与设计

第6章 直接与间接照明

第7章 艺术照明

第8章 照明案例赏析

（1）注意受光面的条件

注意受光面的条件是间接照明的一个重要因素，要选择无光泽的粗糙面作为装修面，才能达到理想的间接照明效果。受光面的条件主要是质感与反射的关系，反射能使知觉加倍，让观察者感受到表面上存在的东西，同时还让观察者去发现物体内部的世界。当光与某种材料相遇时，光的特性变化取决于材料本身的特性。表面光滑的材质，光线会做镜面反射；材质表面是细微的不规则的，光线会做散射；材质表面是不光滑的，可以将光线均匀地向各个方向上反射，即漫反射。

↑此处照明的受光面为光滑的大理石台面，灯光会经过大理石台面，发生镜面反射，将灯光射向其他区域，从而减少光线的直射程度。

↑此处受光面为不光滑的布料，光线经过布料纹理的反射，会射向四面八方，从而降低整体空间的亮度，这种形式也能营造一个更舒适的照明环境。

有些照明设计师没有提前考虑到室内设计的材质，最后安装出来的效果可能不是那么的明显，导致产生不好的照明效果，其实这也是照明设计最常犯的错误。在选择材料时，首先就要注意选择能够拥有理想反射光的装修面的质感，光源离照射面越远，光扩散范围就越大，并且也能得到理想的均匀光照。

装修面的质感与反射关系，是要注重受光面的条件，装修面需要做成粗糙面（无光泽），做成粗糙的质感，如果装修面粗糙，光就会漫反射，给人柔和的光感，不能类似于镜面反射。因此，在照明设计过程中，要充分考虑到室内设计的材质，选择合适的受光面材质，能让间接照明效果更佳。

↑此处为粗糙的被照明材质，光线经过反射后，射向被照物体的亮度有所减弱，整体的空间氛围也会变得比较柔和，给人的视觉感也会相对好一点。

↑此处为光洁的被照明材质，光线经过反射后会射向另一方，使得直射人眼的光亮度降低，整体空间内的亮度依然处于一个比较恰当的数值。

（2）光源与顶棚之间的距离

要注意光源与受光面之间的距离，通过调整间隙大小来产生渐变的光效；如果距离（间隙）过小，就会产生强烈的明暗对比，光线未能得到充分的扩散，就不能形成较好的渐变效果。

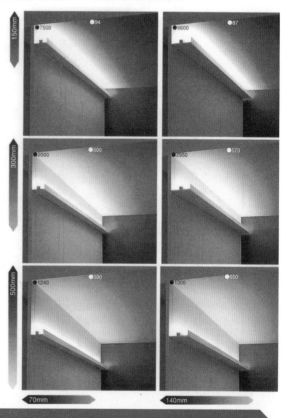

↑当灯与顶棚保持一定距离时，光线会在光源周围集中，从而达到有光晕效果的理想间接照明。

→要在采用平顶顶棚发光灯槽照明时，光源和顶棚的间隙应在300～500mm，产生比较柔和的光线。

 图解小贴士

一般来说间接照明的作用是在于营造一种祥和、浪漫的氛围，而且间接照明是一种新兴的照明方式，可以提升照明设计中一些与之相关的元素，能够使室内环境呈现出各种不同的气氛和情调，并且与室内的环境色彩、形状等融为一体。间接照明使室内空间本身成为主体，避免过多过乱地使用灯具而造成的视觉混乱，为丰富空间的造型起到良好的协调作用，同时间接照明能够很好地把光源隐藏起来，起到照亮空间而不外露光源的效果，很好地避免了眩光问题。

（3）光源与墙体之间的距离

在采用圆弧形顶棚发光灯槽照明时，要考虑到光源与墙体之间的距离，光源和墙体的间隙应在200mm以上。

←当光源与圆弧形顶棚的间隙为0mm，与墙体的间隙为50mm时，墙面反射的亮度为5650lx，顶棚则为680lx；光源与墙体的间隙为200mm时，墙面反射的亮度为6250lx，顶棚则为800lx。

←当光源与圆弧形顶棚的间隙为150mm，与墙体的间隙为50mm时，墙面反射的亮度为2170lx，顶棚则为635lx；光源与墙体的间隙为200mm时，墙面反射的亮度为2000lx，顶棚则为660lx。

←当光源与圆弧形顶棚的间隙为300mm，与墙体的间隙为50mm时，墙面反射的亮度为1020lx，顶棚则为520lx；光源与墙体的间隙为200mm时，墙面反射的亮度为1200lx，顶棚则为570lx。

←当光源与墙体的间隙在200mm以下时，反射的光线会给人带来不好的视觉感受，因此一般在运用间接照明时不建议如此设计。

第1章 照明概述

第2章 光与电的关系

第3章 照明灯具

第4章 照明量计算

第5章 照明与设计

第6章 直接与间接照明

第7章 艺术照明

第8章 照明案例赏析

3.间接照明注意事项

间接照明运用广泛，不同空间对间接照明的亮度、对比度要求有所不同。

（1）设计要注意空间统一

采用间接照明时要和其他照明方式混合，色光跳跃不宜过大，要注意整体照明的统一性。

环境
亮度

（2）设计要注意眩光

↑同一空间内的光线柔和度要一致，色光应该处于一个比较平衡的状态，以免失重，造成重影。

↑灯具的安装位置要确定好，照射方向也要调节好，这样也能比较好地避免眩光。

（3）设计要注意节能

光源采用光效高、光色好、寿命长、安全和性能稳定的电光源；灯具电器附件要采用功耗小、噪声低、对环境和人身无污染影响的。

（4）设计要注意光能的利用率

在制作上，光源需排列有序，合理的间距保证了均匀的亮度，避免浪费能源。

↑间接照明的灯具要采用光能利用率高、耐久性好、安全美观的灯具，电能损耗低并且安全可靠。

↑运用间接照明来为空间提供照度时，用漫射装饰的高反射率材料，能使光线最大限度地照亮空间。

4.间接照明使用范围

间接照明是一种新颖的照明方式，它可以通过提升照明设计中一些与感觉有关的元素，使室内环境显现出各种气氛和情调，并与室内环境的形、色融为一体，达到神奇的艺术效果。但间接照明在创造了宜人的光环境并带给人们精神享受的同时，也造成了能源浪费，由于间接照明采用的是反射光线方式达到照明效果，消耗的光能较大，并且在空间的照明中要与其他照明方式结合使用才能达到需求的照度，因此间接照明只能用于特定的环境。

↑间接照明可用于墙角处的照明，通过墙面的反射可以将光线传向四方，可以为墙面的装饰画提供补充照明，也能为其增添神秘感。

↑间接照明可以用于KTV的照明，KTV内的彩灯经过墙面和地面反射后，使得整体空间色彩变得比较艳丽，能更好地营造出歌唱和愉快的氛围。

↑间接照明用于过道处时，灯具可侧装于墙壁内，光线经过反射，能创造出更丰富的空间表情。

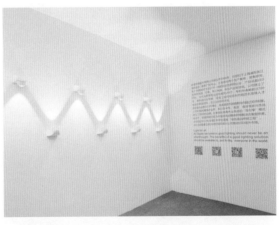

↑间接照明可用于比较空旷的长走廊，光线的投射能够绘制出一条引路线，指引人向前。

图解小贴士

不同年龄会对光的亮度有不同的需求，年龄越大所需要的亮度越高。不同的场合也会对亮度有不同的要求，电影院、餐厅和家居对于亮度的要求都会有差异。

第1章 照明概述
第2章 光与电的关系
第3章 照明灯具
第4章 照明量计算
第5章 照明与设计
第6章 直接与间接照明
第7章 艺术照明
第8章 照明案例赏析

←健身房器械室在设置照度值时,参考平面为离地750mm的水平面,建议将照度值控制在30～50lx或50～75lx,墙面与地面保持冷色与浅色,能对光源形成折射,起到间接照明的效果。

→家居卫生间在设置照度值时,参考平面要距离地面750mm,依据面积的不同,照度值也有不同,建议将照度值控制在5～10lx或10～15lx。卫生间的瓷砖反射效果较强,能起到间接照明反射效果。

←报告厅依据场地规模的大小,其照度值也有不同,一般普通报告厅照度值宜为100lx,中等报告厅照度值宜为150lx,高级报告厅照度值宜为200lx。顶棚上的灯光少数为向下的直接照明,多数为发光灯片或灯槽,形成良好的间接照明效果。

第7章
艺术照明

识读难度：★★★☆☆

核心概念：艺术、创意、营造氛围、品质

章节导读：

生活离不开光，无论是舞台舞池，还是电影电视，照明已经变成了一种公众能够触及、感受以及被感染的艺术形式。在照明过程中，如果没有创造性的照明画面，就不可能产生具有优秀艺术魅力的作品，所以说，照明技术是一种艺术创作。艺术照明就是利用灯光所特有的表现力来美化环境空间，在利用灯光为人们工作、学习、生活提供良好视觉条件的同时，通过灯具的造型及其光色与室内环境的协调，使环境空间具有特定气氛和意境，以体现一定的设计风格。

7.1 艺术照明概述

艺术照明是指将照明艺术化，用艺术的手段将照明环境丰富化，通过将科技与灯光相结合来营造出一种光彩绚丽的照明景象。在今天这个精神文明越发受到重视的时代，艺术照明已经被广泛运用到各种区域，例如咖啡店照明、橱窗展柜照明等。

照明
对比

↑通过艺术性的照明灯具也能很好地达到艺术照明的效果，此处灯具采用了LED节能灯，并将其组合成树木枝丫的形状，既具有艺术气息，也具有环保性。

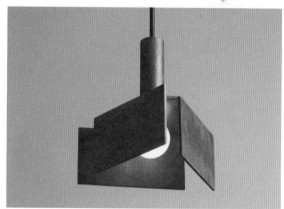

↑在选择艺术性的照明灯具时，还要考虑到灯具的多功能性与实用性，此处灯具的灯罩可以旋转开来，可以很好地进行光照度的调节，提供不同方位的照明。

1.艺术照明注意"因景制宜"

"因景制宜"的设计方式是指依据空间的设计主题以及所要表达的情愫来进行艺术性的照明设计。照明设计应该具有艺术价值，在设计时要充分地与城市特色、时代背景以及城市历史底蕴相结合起来。

↑"因景制宜"的照明方式可以通过灯光文化来描绘、重构照明的主题，展现灯光艺术的无限魅力。

↑拥有艺术观赏性的照明可以很好地体现一个时代的艺术精神以及时代要展现的艺术创意。

2.艺术照明注重原创性

这里所说的原创性有两点，第一点是设计要具有原创性，第二点是空间要具有原创特色。艺术照明设计的原创性在于你可以借鉴，但不要一成不变地生搬硬套。每一种设计方式都适用于不同的环境，在进行艺术照明设计时要多设计原创作品，给公众一个新的视觉体验，而不是给他们造成视觉疲劳。空间具有的原创性则是指要保持空间原本的特征，灯具可以适量隐蔽安装，在进行艺术照明设计时要明确设计的主题是利用艺术性的照明来体现空间的特色，为空间增添光彩，而不是喧宾夺主。

第1章 照明概述

第2章 光与电的关系

第3章 照明灯具

第4章 照明量计算

第5章 照明与设计

第6章 直接与间接照明

第7章 艺术照明

第8章 照明案例赏析

原创主义

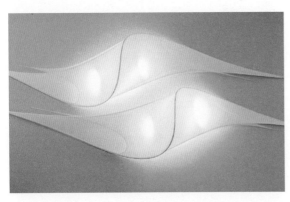

↑艺术照明设计可以通过灯具来展现原创性，设计灵感可以来自于生活中的各种物品，此处灯具灵感来自于飞梭，整体设计具有很强的形体美感。

↑灯具的艺术性设计可以将不同类别的物品相结合，也能有不一样的视觉效果，此处灯具将天使的翅膀与灯泡相结合，充满了光明气息。

↑艺术照明设计在体现空间原创性时，可以充分运用空间原有的设备，将其与灯具结合起来。此处在空间原有电管的下方设置有暖光灯泡，既提供了照明，也不会显得空间杂乱无章。

↑在空间的顶部做造型设计也是艺术照明的一种形式，此处空间顶棚处设置有异形的LED灯管，整体看上去形成另一幅光影画面，同时也能很好地与空间相协调。

　　要增强艺术照明的原创性，首先就需要仔细观察生活中的细节，不断丰富自己的知识范围，可以适量地借鉴前人的设计作品，但同时要反思，如何才能更好地设计具备时代特色的作品。

3.艺术照明注重环保性

环保
照明

艺术照明设计的环保性在于节能低碳，要以绿色环保为设计基底，在具备艺术欣赏功能的同时还能兼具环保节能的作用，艺术照明设计应该尝试运用现代先进的照明器材和智能控制技术，降低功率密度，实现科学和高效的灯光运用。

↑图中灯具以节能设计为特点，可以用来营造卧室等暗光空间的氛围。

↑图中灯具选用了LED球泡灯并将其与台灯底座相结合，使得整体设计充满了艺术美感。

↑图中餐厅中心用餐区选用了艺术吊灯，墙边的用餐区则选用了艺术壁灯，这样既降低了空间的照明功率同时也不会使空间显得太过灰暗。

↑图中选用了轨道射灯作为一般照明，搭配交流区上方的艺术吊灯，营造出比较融洽的聊天氛围，射灯也能随空间需要调整位置，能有效地降低照明功率。

图解小贴士

　　LED灯具具有良好的节能效果，它在保持同等照度基础上，将以往荧光灯60W减少到30W，灯泡拥有鲜明的环状外形，中间的狭缝和底部的弯曲厚度突出向下的垂坠感，灯帽部分有多种颜色可以选择，在使用上可以成束或并排排列，低亮度的设计意味着它可以散发出惬意朦胧的光线，这一系列灯具相当节能，使用寿命也较长，一般都有8年以上。

4.艺术照明注重舒适性

艺术照明设计的舒适性在于设计要营造一个符合人体需要，照明所呈现的效果不会对人眼产生伤害，不会产生眩光。在艺术照明设计中，照明设计必须注重防止光污染，必须杜绝"亮度第一"的做法。

第1章 照明概述

第2章 光与电的关系

第3章 照明灯具

第4章 照明量计算

第5章 照明与设计

第6章 直接与间接照明

第7章 艺术照明

第8章 照明案例赏析

舒适照明

有时候眩光也可运用作为夜环境气氛的烘托与视觉刺激，但必须因地制宜、因景制宜。我国不需要太多的"拉斯维加斯"，多了，也就滥了；多了，必然走向反面。

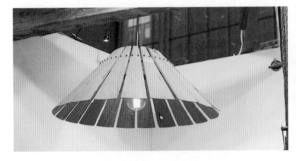

↑在进行艺术照明设计时，可以通过调整灯具的外形以及在灯具材料的选择上做改变从而达到抑制眩光的作用，灯罩是一个很好的选择。

↑同样利用LED发光二极管而组成的艺术吊灯不仅可以很好地创造一种舒适的照明环境，照明功率也相对较低，整体光线比较柔和，不会产生眩光。

↑此处艺术照明选用了LED灯管拼凑成五边形，整体设计具有很强烈的几何美感，同时照明投射的光影也比较充满趣味性，能愉悦人的心情。

↑此处选用了带有灯罩的艺术灯具，并在顶棚有序地进行环形排列，搭配墙壁上的艺术壁灯，照明效果颇具艺术性，整体光线也不会显得太过耀眼。

艺术性的照明也可以绚丽多彩，但要注意光线不要太过耀眼，以免造成眩光，引起视觉上的不适应，另外设计要考虑到照明功率的变化，尽可能多地选用节能灯具，可以在造型上有所变化。

7.2 艺术照明设计作用

在现代照明设计中，为了满足人们的审美要求，在满足照明的基本功能下利用光的表现力对室内空间进行艺术加工，以符合人们心理和生理上的要求，从而得到美的享受和心理平衡。室内照明不仅要满足功能上的需求，还要兼顾视觉效果，优秀的灯光设计，不仅能照亮空间还应该能创造空间，烘托气氛，这也是制作照明效果时必须要遵循的原则。

设计作用

↑艺术照明直接影响到室内环境气氛，此处商店艺术照明以大面积的红色搭配灯光的白色，整体形成对比，有效地增强了公众的购买欲。

↑此处选用了LED发光灯管作为鞋架上的照明，与几何形式的鞋架形成搭配，既有效地将鞋子展示出来，同时与鞋架也形成了有趣的视觉效果。

1.提升环境空间品质

在现代照明设计中，可以通过调整灯光秩序、节奏等手法，来增强空间的引导性。

↑艺术照明设计可以通过灯具来控制投光角度和范围，从而建立新的光影构图，来达到提升空间变幻效果的作用。

↑艺术照明设计还可以通过运用人工光的扬抑、虚实、动静、隐现等来改善空间比例，增加空间层次感，提升空间品质。

2.装饰环境空间艺术

人工光源的装饰效果是通过灯具自身的艺术造型、质感及灯具的布置组合对空间起点缀或强化艺术效果的作用。此外人工光的装饰作用也与室内空间的形、色、气质有机结合，当灯光投射在室内的装饰结构或装饰材料上时，丰富的光影效果能增加装饰结构或装饰材料美的韵律。例如当人工光与室内流水、特别是与声控的喷泉相结合时，那闪烁的光点和跃动的水珠，给室内空间增添瑰丽多姿的艺术效果。

↑富有艺术气息的灯具可以起到很好的装饰作用，此处灯具造型与碗形似，用于餐厅内的照明时，会格外的突显主题，更好地彰显空间艺术特色。

↑此处选用了实虚相结合的铁艺吊灯，笼中的七彩小鸟和顶棚的筒灯在地面投射出有趣的光影，很好地装饰了空间。

↑通过将灯光与室内建筑物相结合的方式来达到装饰空间的作用。此处将光线投射到方柱上的原木上，光影与原木纹理搭配形成了别具一格的照明效果。

↑此处顶棚内嵌式筒灯与餐桌上方挂件相搭配，下照的照明方式将原木挂件投射到餐桌上，很好地增强了照明的装饰性。

> ### 图解小贴士
>
> 景观雕塑的艺术性照明要能增强历史厚重感与强烈的文化特征，要能够体现整体艺术雕塑的节奏感与组合美感，能够使雕塑在深邃的夜空下，给人以浓厚的文化气息。

第1章 照明概述
第2章 光与电的关系
第3章 照明灯具
第4章 照明量计算
第5章 照明与设计
第6章 直接与间接照明
第7章 艺术照明
第8章 照明案例赏析

3.渲染环境空间气氛

灯光气氛

灯具的造型和灯光色彩能够有效地烘托空间环境气氛，人工光源加上滤色片可以产生色光，能产生丰富的气氛，提升室内设计格调，是用来取得室内特定情调的有力手段。形成室内空间某种特定气氛的视觉环境色彩，是光色与光照下环境实体显色效应的总和，因此在进行照明设计时必须考虑室内环境中的基本光源与次级光源(环境实体)的色光相互影响、相互作用的综合效果。

↑在进行艺术照明设计时，暖色调能够表现出温暖、愉悦、华丽的气氛，可以通过调整灯具的色表与色温来更好地进行照明设计。

↑冷光色能表现清爽、宁静、高雅的格调，在进行照明设计时，可以将冷光色与暖光色有效结合，营造不一样的灯光效果。

↑餐厅可以使用暖色光来增强食欲感，吸引人进店享用美食。此处餐厅主打温馨风，暖色的柔和光线配上艺术灯罩能更好地体现出餐厅的空间氛围。

↑不同的餐厅主题，所选择的色光自然也不一样，此处餐厅主题为"宁静致远"，讲究一种素雅的风情，餐厅选用了紫色光和白光，彼此相互中和。

空间环境的氛围可以通过灯具以及色光有效地进行调节，所营造的氛围要符合空间设计主题，不同材质的灯具也能营造不一样的空间感，例如木质的灯具给人一种古朴、素雅的空间氛围；铁艺灯具给人一种现代的空间氛围。通过对空间主题的确定，可以很快地选择出所需的灯具，同时对灯具的色光进行选择。

4.增强环境空间感

空间的不同效果，可以通过光的作用充分表现出来。例如亮的房间感觉要大一点，暗的房间感觉要小一点；直接光能加强物体的阴影，光影相对比能加强区域的空间感。在商店设计中为了突出新产品，在那里用亮度较高的重点照明，而相应地削弱次要的部位，获得良好的艺术照明效果。

艺术
效果

第1章 照明概述

第2章 光与电的关系

第3章 照明灯具

第4章 照明量计算

第5章 照明与设计

第6章 直接与间接照明

第7章 艺术照明

第8章 照明案例赏析

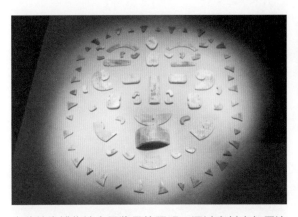

↑此处为博物馆内展览品的照明，通过直射光与周边比较暗的环境来对比，从而凸显出展览品，营造双层空间，引人驻足。

↑此处为摄影展的照明，由于陈列区的照片是黑白照片，为了营造出不一样的质感，选用了轨道射灯来做照片的重点照明，还有照片所形成的光影。

↑对于比较狭长的空间，暗藏的灯带会是很好的照明灯具，此处摄影展三面墙均是摄影照片，墙面上方的灯带使得整体空间比较明亮，增强了空间的宽阔感。

↑带有穹顶的区域本身就具有很强的空间感，此处图书馆在穹顶上方安装有发光顶棚，无形的漫射光，会使空间充满无限的感觉。

💡 图解小贴士

暖色系具有比较强的亲切感，例如红、黄等，比较适合年轻阶层的店铺。同色系中，粉红、鲜红等女性喜好的色彩，比较适用于婴幼儿服饰店等产品华丽的高级店铺。寒色系比较有高冷感，不适合严寒地区顶棚很高的店铺，会降低亲切感。

5.可以增强环境空间立体感

↑在进行艺术照明设计时可以让墙壁均匀着光，例如打上全区域都均匀的光线，这样可以放大空间，最好墙壁还配合涂上浅色色彩，如白色或浅蓝色、灰色等，有效增强空间立体感。

↑在玄关柜、电视柜等区域可以做成不与地面相接，离地有一段空隙的设计，将灯具隐藏放置于此，让柜体漂浮，从而形成的间接灯光所投射出的光影也能有效地增强空间立体感。

↑在进行艺术照明设计时可以在空间内四个角落转角处，装上壁灯，灯光往上下或左右两边的墙上打光，光线会比较均匀，而且照亮了所有边界。

↑反射式照明能够很好地增强空间立体感，这种艺术照明方式以灯具照射顶棚，同时也将视线引导至顶棚方向，强调空间朝上方延伸的感觉。

反射式照明是结构性照明的代表手法，它强调的是光的扩散性，因此照明的灯具配置必须注意不可破坏光的连续性。可以使用各种不同的光源，建议以连续设置的具有寿命长、体积小等优点的LED灯为主，同时要注意，在设计时要控制好灯具的亮度。

图解小贴士

协调原则是灯饰与房间的整体风格要协调，而同一房间的多种灯具，应保持色彩协调和款式协调。如木墙、木柜、木顶的长方形阳台，适合装长方形木制灯；配有铁艺钟表、钢管玻璃餐桌椅的长方形门厅，适合装长方形钢管材质的吊灯；安有金色柜门把手、金色射灯的卧室，适合带有金色装饰的灯。

7.3 艺术照明设计方式

第1章 照明概述
第2章 光与电的关系
第3章 照明灯具
第4章 照明量计算
第5章 照明与设计
第6章 直接与间接照明
第7章 艺术照明
第8章 照明案例赏析

艺术效果

在环境艺术照明设计工程中，把照明方式与室内特定环境密切结合，融为一体，做出适合各种环境空间的艺术处理形式，不仅满足使用功能，还具有装饰效果。将照明方式与室内环境设计有机结合，这便是创造灯光艺术的主要目的，并使之成为一种具有美学意义的表现形式。

针对不同的室内空间环境，在艺术照明的设计中需要充分理解空间的性质和特点，以营造契合空间性格的艺术空间。艺术照明的方式可根据两种不同方法进行分类。首先根据照明承担工作任务的不同可以分为一般照明、任务照明和重点照明。

一般照明是指向某一特定区域提供整体照明，也就是环境照明。一般照明是照明设计中最基础的一种方式，提供舒适的亮度，以确保人行走的安全性，保障人对物体的识别。采用嵌入式灯具、轨道灯具，甚至可以采用户外灯具。

↑此处办公室照明选用了嵌入式筒灯和发光灯带作为一般照明，既有效控制了照明功率，也为基本的行走、交流提供了一个明亮的照明环境。

↑扣板灯可以更好地方便更换，此处办公室选用了扣板灯作为一般照明，并每间隔一个方格设置一个，使得整体光照比较均匀。

任务照明主要用来帮助我们完成特定任务，如在书房的书桌上阅读，在洗衣间洗衣，在厨房里烹饪，在客厅看电视等。一般可以采用嵌入式灯具、轨道灯具、吸顶式灯具、移动式灯具。在使用这些灯具时，要注意避免产生眩光和阴影，而且一定要注意灯具亮度的控制，在达到任务所需的亮度的同时也要避免灯具亮度太过耀眼从而产生视觉疲劳。

重点照明是指对某一物体进行聚光照明，这种方式能凸显明暗对比，给房间增加戏剧化效果。作为装饰所常用的一种设计手法，一般采用这种方式来对绘画、照片、雕塑和其他装饰品进行照明，也可强调墙面或装饰面的肌理效果。一般可以采用轨道灯具、嵌入式灯具或壁灯，且重点照明中心点所需的照度应为该区域周边环境照度的三倍。在使用重点照明时要注意与周边整体照明环境相互协调，即使有明暗对比，也要控制好对比度，以免造成视觉不适。

↑此处厨房照明选用了内嵌式筒灯为厨房工作台面提供了任务照明，帮助使用者可以更安全、更便捷地进行厨房的相关工作。

↑此处选用了吸顶与内嵌相结合的灯具作为会议室的任务照明，方形的灯具将灯光向下投射，为会议室的交流以及基本书写提供了足够的照明亮度。

↑此处选用了轨道式射灯为摄影作品提供了重点照明，重点突出摄影作品的主题以及内容，光线可以调节，为浏览和赏析提供了照明。

↑此处选用了轨道式射灯对水果进行重点照明，灯光聚于一个中心点，能够更好地表现出水果的新鲜感，明亮的灯光与周边也形成了一定的对比。

艺术照明设计还可以根据照明光源投射光线方法的不同来进行划分，一般分为直接照明、间接照明和半直接照明，其中直接照明和间接照明运用比较频繁，适用于各类区域。

具体分类

直接照明是指灯具所产生光线的90%以上作用于工作面上，光源的工作效率很高，在室内使用单一的直接照明，会产生强烈明暗对比的光环境，需要注意的是在视觉范围内长时间出现强烈的明暗对比，容易使人产生视觉疲劳。

间接照明是指光源产生照明光线的10%以下直接作用于工作面上，剩余的光线通过其他物体的反射间接到达工作面上，一般采用不透明材料来制作灯具，由于主要是通过反射光来进行照明的，所以工作面得到的光线会比较柔和，但光源工作效率相对较低，在照明设计中常会和其他照明方式结合使用。

↑一般将能向灯具下部发射90%～100%直接光通量的灯具称为直接型灯具，例如运用于顶棚的大型吸顶灯，在使用直接照明型灯具时要注意避免眩光的产生。

↑直接照明适用于楼梯、走道间的照明，这种照明方式可以为安全行走提供足够的亮度，在此处选用了LED灯管以及内嵌式筒灯相互调节，也不会使空间照明过于单调，形成强烈的明暗对比。

↑一般将能向灯具下部发射10%以下的直接光通量的灯具称为间接型灯具，此处灯罩材质为亚克力的LED灯，主要适用于停车场、办公室的间接照明。

↑此处照明以间接照明为主，同时搭配内嵌式筒灯作为局部照明，多种照明方式使光源效率有效提高，同时也能营造一种质朴、宁静的空间氛围。

　　半直接照明是指灯具所产生光线的60%~90%向下投射并直接到达工作面，其余通过向上漫射（一般作用于顶棚），并通过反射之后再作用于工作面上，一般以半透明材料为主，灯罩上下均开口，它的明暗对比不是太强烈，相对柔和且光源效率较高。

图解小贴士

　　光是通过直线传播的，直接照明运用不好则会使人感觉刺眼，遇到物体还会产生阴影，可以通过有效的灯光反射，来让室内光线变得更加柔和、均匀、没有阴影。例如可以通过顶棚造型将光源的一部分遮挡住，通过灯光照射墙面或者顶面产生的反射光来提供照明，让光线更加柔和。此外，在进行设计时，不能纯粹地追求均衡亮度，这样会让空间失去美感，不同的空间需要不同的亮度和灯光，例如卧室是休息区域，亮度不需太高，而书房是看书和学习的地方需要照度更高。

第1章 照明概述
第2章 光与电的关系
第3章 照明灯具
第4章 照明量计算
第5章 照明与设计
第6章 直接与间接照明
第7章 艺术照明
第8章 照明案例赏析

7.4 家居空间艺术照明

现代家居空间的艺术照明体现在照明既有使用意义，又有装饰作用。家居空间良好的照明能帮助你更好地工作、生活，使你感到轻松、愉快、温馨、舒适，让你充分感受家的温暖。合理的照明也能为房间增添美感，增强家庭空间的戏剧性效果，而不同使用功能的房间所需要的照明条件及气氛要求是不尽相同的，不同年龄段的使用者对于照明条件和气氛要求也是不同的。

家具照明

1.客厅

首先必须了解在客厅将要进行哪些种类的活动。对于看电视、聊天、接待客人而言需要的是一般性照明，对于阅读或者在做其他事物时就需要工作任务照明，而对于进行艺术品、植物、装饰构件的照明时就需要采用重点照明来突出目标物体，通过各种灯光的配合使用可以满足各种活动的室内功能需求。

↑客厅内的挂画、艺术挂件、小摆件等装饰物可以采用低压卤钨灯或者小射灯、筒灯对它们进行重点照明，亮度适中即可。

↑对于客厅内的植物，除了可以采用顶面正视照明外，还可以采用背光照明，能产生戏剧化的剪影照明效果，同时应注意不要产生眩光。

2.餐厅

在进行餐厅照明设计时需要注意到艺术性和功能性的统一，应该把一般照明、任务照明和重点照明互相结合起来满足就餐时心理的需求。另外灯光组合方式也需要根据功能进行适当调整，如吃正餐、简单的家庭聚会、家务活动等，在餐厅里需要水平照度，往往吊灯是首选。

冷暖照明

吊灯一般安装在餐桌正上方，既能提供足够照度，也可以作为一个装饰性组件，提升整体装修的美感。墙壁灯具是餐厅照明的一位配角，可以采用壁灯来对墙面材质进行单独区域描绘。餐厅照明光源应选用显色性较好、向下照射的灯具，以暖色调灯光为宜，切忌使用冷色灯光，暖色灯光能起到增进食欲的功效。

↑此处餐厅选用了发光二极管来作为艺术吊灯的光源，同时搭配顶棚的射灯，为餐厅照明提供了比较柔和的光线，欣赏性十足。

↑此处餐厅选用了带有玻璃灯罩的艺术吊灯，为就餐环境提供了足够的亮度，同时也提升了餐厅的美感，光线通过玻璃灯罩反射，光线也比较柔和。

3.卧室

卧室是休息和睡眠的地方，是家庭居室中一个重要组成部分，在这里需要营造一种宁静休闲的氛围，同时可以用局部明亮的灯光来满足阅读和其他活动的需求。根据居住者的年纪、生活方式，可以采用一般照明和重点照明相结合的方法来进行灯光的布置。在灯具的选择上，顶棚灯、花灯、吊线灯、嵌入式筒灯或者是壁灯都可以选用。梳妆台有一套可调节的镜前灯具是女主人化妆时的最佳照明选择。衣柜内部的照明采用嵌入式或者明装衣柜灯具均可。

卧室气氛

↑此处卧室两边均设有台灯，台灯光线从灯罩的缝隙中投射出来，比较柔和，床头上方还设有内嵌式筒灯，为床头上方的装饰画提供了重点照明。

↑此处卧室在床的两边设置有艺术壁灯，顶棚处的灯带为卧室提供了一般照明，内嵌式的筒灯和立灯为卧室其他区域提供了局部照明。

在选择梳妆台前的镜前灯时，要注意美颜指数的确定，灯光美颜指数过高容易对最终的化妆效果产生影响，灯光美颜指数过低，则会达不到基本的照度要求。

第1章　照明概述

第2章　光与电的关系

第3章　照明灯具

第4章　照明量计算

第5章　照明与设计

第6章　直接与间接照明

第7章　艺术照明

第8章　照明案例赏析

4.儿童房

儿童房是儿童活动、学习和玩耍的地方，儿童房的照明应有足够的亮度，灯具一般采用造型有趣、可爱的颜色、鲜艳的式样，如动物形状或玩具形状的灯具。

↑此处儿童房选用了小鱼形状的吊灯，与房间内的其他装饰品相搭配，童趣十足。

↑此处儿童房床头设置有灯带，与星星壁纸相配，同时搭配白色的动物吊灯，美观性很强。

5.书房

在设计书房照明时，需要营造一种柔和的氛围，避免极强烈的对比和干扰性眩光，同样也需要任务照明来满足阅读，也需要考虑给奖品和照片等有纪念意义的物品一些重点照明。书桌一般配置一套可调整的台灯，但注意灯光不能直接照射屏幕，避免反射眩光和产生阴影。在放置台灯时，应主要考虑照明左右手原则，即将灯具放置在书写手的另一侧，书房的挂画及装饰物应有局部重点照明，灯具一般选用嵌入式可调方向的射灯或轨道式射灯。

↑此处书房在书桌处设置带有灯罩的台灯，光线比较柔和，也不会产生眩光，对视觉造成影响。

↑此处书房书桌与书架为一个整体，在书桌上方设置LED灯管，节省了空间。

6.厨房

厨房是居室内一个主要的工作区域，在这里的照明除了要考虑到舒适同时也要有功能性，照度要求较高。单一地使用顶棚灯具会造成人影效应，在局部可以加装工作照明作为补充。如在洗涤处和案板上方的吊柜下，采用一套单独的带有外罩的T4荧光灯，这样能提供充足的工作照明。

厨房照明

↑考虑到厨房油烟、水雾较重的特点，在选用灯具时一般采用嵌入式有罩的防雾筒灯或吸顶灯。

↑一般吸油烟机都配有单独的照明设备，因此灶台处可不加装照明灯具。

7.卫生间

在浴室里，一般进行理发、化妆、洗澡等活动，因此需要柔和、无阴影的照明。在面积小的浴室里，镜前灯通过镜面的反射就能照明整个空间；而面积大的浴室，则需依靠另外的顶棚灯具来提供一般照明。在布置镜前灯时最好保持灯具高度基本与视平线水平，以减少因眼睫毛、鼻子和脸颊产生的阴影。在淋浴处和浴缸的上方可以在顶棚上采用一个紧凑型热反射型光源，俗称浴霸，它既能照明，也有取暖的功能。

浴室灯具

↑布置卫生间的镜前灯时最好是采用左右两边对称的灯光进行照明，这样就能保证我们的面庞左右两边的光线均匀。

↑卫生间的灯具也应注意防潮，一般采用带有灯罩的防雾灯具，光源应具有良好显色性，光源的色温要求为2700～3500K，显色性要求为80以上。

第1章 照明概述
第2章 光与电的关系
第3章 照明灯具
第4章 照明量计算
第5章 照明与设计
第6章 直接与间接照明
第7章 艺术照明
第8章 照明案例赏析

7.5 商业空间艺术照明

商业空间的艺术性照明主要体现在良好的照明设计能为消费者提供一个舒适的消费环境，照明设计不仅要提供合适的照度和营造舒适的商业氛围，还应起到引导作用，吸引顾客的目光，增加顾客的购买欲望。

商业空间照明的对象是商品和空间环境，因此可分为商品照明和空间照明。商品照明是针对商品的，需要有效地将商品信息传递给顾客；空间照明是针对商业空间环境，它传递给顾客的是商业环境的形象。商业空间种类繁多，不同空间在照明设计上也有所不同。

商业照明

↑商品照明一般建议选用重点照明，可以突出商品特色，增强艺术照明的美感。

↑书店的展示区选用一般照明即可，可以在灯具上做改变，从而表现出艺术照明的效果。

1.酒吧

酒吧以及咖啡厅、茶室等商业空间是人们休闲、交友、聊天的场所，在它们的照明设计中，主要应考虑的是气氛的营造。酒吧根据不同的区域有不同的照度要求，呈现不同氛围。

灯红
酒绿

↑酒吧在桌面上宜采用低照度水平的可调灯具，照度上要求在谈话时能看清对方面容即可。

↑过道区域，照度不需太亮，让顾客能近距离视觉接触到地面的光斑，且能轻松辨认走道方向。

2.餐厅

餐厅根据等级可分为快餐厅、宴会厅、特色餐厅等，每种餐厅在照明设计上会有所不同。怡人的环境和愉悦的交谈是成功餐饮设计方案中的重要因素，明确了餐饮环境对照明的要求。显色性对于良好的灯光品质至关重要，能提升食物的吸引力。因此需要利用直接照明来凸显每张餐桌，很多餐厅往往忽视了这个简单的要素，偏爱使用漫射照明，事实上这会使食物看起来黯然失色。

照亮佳肴

照明概述 第1章

光与电的关系 第2章

照明灯具 第3章

照明量计算 第4章

照明与设计 第5章

直接与间接照明 第6章

艺术照明 第7章

照明案例赏析 第8章

↑此处餐厅选用了悬挂式吊灯来作为一般照明的灯具，既能突出餐桌的位置，也能凸显出餐厅的特色，可谓是艺术与实用相结合。

↑此处餐厅选用了茶壶作为悬挂式吊灯的灯罩，这种艺术性的灯罩与餐厅的主题相呼应，在视觉上非常能够吸引人。

同性质的餐饮空间灯光需求不尽相同，在照明形式上应采用简洁而现代化的形式。宴会厅是为宴会和其他功能使用的大型可变化空间，照度要求均匀且有一定强度，结合局部重点照明能营造热烈欢庆的气氛。

↑快餐厅一般要求明亮、干净，照度要求均匀且强度高，色温较低，一般暖黄色能增进人的食欲，会觉得闷热而想离开，这样可以提高餐位使用效率。

↑不同主题的餐厅在进行艺术照明设计时要能体现餐厅内装修特色，所选择的灯具要与餐厅内整体环境相呼应，色调也要一致。

3.服装店

　　服装店的照明设计中包含服装陈列照明和店铺气氛照明，照度和显色性是考虑的重点，尤其显色性对于服装颜色的识别非常重要。服装店根据档次可分为普通店和高级专卖店。普通店要给人一种商品丰富、价格便宜的感觉，因此在照明上一般应明亮，根据陈列方式进行局部重点照明。高级专卖店在照度上会比普通店低，大量采用重点照明来突出商品特质，射灯运用较多。

照亮
服饰

↑此处服装店在其主打服装周边选用了环绕式照明的方式，以此可以更好地来凸显出服装特色。

↑灯光与服装店内的装饰墙形成有趣的光影，可以很好地增强服装店的空间层次感。

4.办公室

　　办公时间几乎都是白天，因此人工照明应与自然采光结合设计而形成舒适的照明环境。办公室照明灯具宜采用荧光灯。视觉作业的邻近表面以及房间内的装饰表现宜采用无光泽的装饰材料。

　　办公室的一般照明设计宜在工作区的两侧，采用荧光灯时宜使灯具纵轴与水平视线平行。不宜将灯具布置在工作位置的正前方。在难于确定工作位置时，可选用发光面积大，亮度低的双向蝙蝠翼式配光灯具。在有计算机终端设备的办公用房，应避免在屏幕上出现人和其他物体（如灯具、家具、窗等）的映像。

工作
照明

↑此处办公室在工作区上方设置了一般照明灯具，为操作计算机和交流提供了足够的亮度。

↑此处办公室充分利用自然光，所选用的内嵌式筒灯亮度也比较适中，适合白天和夜晚的照明。

5.工厂照明

现代工厂中，很多工作需要工人高强度用眼才能完成，工人必须有好的视力，且要集中精力于某个工件或某个点位上才能完成，也有很多工作需要工人长时间坚持用眼才能完成，甚至要加班才能完成。

夜班工人在别人休息时完成自己的工作，这是最费眼的，在以上情况下工作，工人会很快感到视觉疲劳，难以集中精神，进而影响工作效率，甚至出现差错造成事故。工厂照明的任务是确保工作环境中有良好的可见度，使工作更安全、避免事故的发生，降低故障和不合格产品的数量，提高生产率。

第1章 照明概述

第2章 光与电的关系

第3章 照明灯具

第4章 照明量计算

第5章 照明与设计

第6章 直接与间接照明

第7章 艺术照明

第8章 照明案例赏析

工厂照明

↑一个舒适且明快的工作环境对工厂工人来说很重要，不仅可以保护自己的眼睛，缓解眼疲劳，还能提高工作效率。

↑一个良好的工厂照明设计应具备在工作区域有足够、均匀的光线，较高的光通量、合适的色温会减少眩光。

此外在选择工厂照明灯具时应遵循以下原则，这些原则有利于创造一个舒适的照明环境，也有利于减缓工人的工作压力，能够有效地放松他们紧绷的神经，舒缓他们的视觉压力，帮助他们更好的工作。

● 应考虑维修方便和使用安全。

● 有爆炸性气体或粉尘的厂房内，应选用防尘、防水或LED防爆灯，控制开关不应装在同一场所，需要装在同一场所时应采用防爆式开关。

● 潮湿的室内外场所，应选用具有结晶水出口的封闭式灯具或带有防水口的敞开式灯具。

● 闷热、多尘场所应采用投光灯。

● 有腐蚀性气体和特别潮湿的室内，应采用密封式灯具，灯具的各部件应做防腐处理，开关设备应加保护装置。

● 有粉尘的室内，根据粉尘的排出量及其性质，应采用完全封闭式灯具。

● 灯具可能受到机械损伤的厂房内，应采用有保护网的灯具；振动场所如有空气压缩机、桥式起重机等的地点，应采用带防振装置的灯具。

7.6 城市景观艺术照明

城市景观艺术照明主要体现在利用艺术性照明的形式传递城市文化，并达到美化城市的作用，同时城市景观的艺术性照明依旧要遵循环保、节能的设计主题，力求营造一个美好而又健康的照明环境。

1.艺术照明内容

城市景观照明所涵盖的内容非常广泛，囊括了视觉环境的方方面面，这其中主要包括节日庆典照明、建筑夜景照明、水景照明、公共信息照明、广告照明以及标志照明等。

节日庆典照明是指利用灯光或灯饰营造欢乐、喜庆和节日气氛的照明；建筑夜景照明也称建筑立面照明，是用灯光重塑人工营造的，供人们进行生产、生活或其他活动的建筑或场所的夜间形象。照明对象有房屋建筑，如纪念建筑、陵墓建筑、园林建筑和建筑小品等。根据不同建筑的形式、布局和风格充分反映出建筑的性质、结构和材料特征、时代风貌、民族风格和地方特色。

↑节日庆典的照明可以通过在路边树木上绑结艺术性灯带以及设置观赏效果比较强的灯具来增强节日效果，并以此达到赏心悦目的目的。

↑建筑夜景的照明在于要能在黑夜中体现建筑的特色，要能将建筑以光线的形式再次重现在公众面前，达到凸显建筑的目的。

水景照明主要是为了渲染水景的艺术效果，根据水景的类别，对自然水景（江河、瀑布、海滨水面及湖泊等）和人文水景（喷泉、叠水、水库及人工湖面等）设置的照明，一般在滨水景观区域比较常见；公共信息照明是利用灯光（含地标性灯光、广告和标志灯光等）作为传导媒体，为人们提供公共信息的照明。

广告照明主要的作用是为照亮各种广告而设计的照明，所用的光源有霓虹灯、荧光灯、高强度气体放电灯及发光二极管等，在进行广告照明设计时要注意降低照明功率密度；标志照明在各类区域中都比较常见，例如商店的Logo照明，主要是为了照亮用文字、纹样、色彩等来传递信息而表示的符号或设施。

↑此处水景照明在喷泉地面设置有灯具，绚丽的灯光搭配喷涌而出的泉水，美轮美奂，很好地渲染了喷泉的视觉效果。

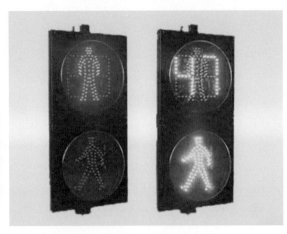

↑此处利用不同色彩的灯光作为传导工具，将交通道路信息有效地传达到人们眼中，一方面起到警示作用，一方面也具有指导性作用。

↑此处福利彩票的广告牌设立于道路上，为了更好地凸显广告牌，在广告牌下方设置了亮度比较高的灯具，为照亮广告牌提供了足够的照明。

↑此处为酒店的Logo，选用了粉红色灯箱来凸显文字，由于此处标志位于路边，拥有足够亮度的灯箱可以很好地将路人的视线吸引过来，从而吸引其入住。

图解小贴士

　　我们对颜色的感知取决于光的颜色和物体本身，也就是体色。例如，番茄汤和红酒具有温暖的体色，这一颜色是由含红光成分的光线烘托出的，而鱼类在蓝光成分的照射下显得最新鲜。披萨店通常青睐传统的地中海环境，采用暖白光，色温为3000K，而冰激凌店则需要营造冰凉的感觉，因此采用中性白光，色温为4000K。

　　在优质照明工具发出的明亮光线下，食物看起来格外诱人，反射的光线为水果和蔬菜带来健康、新鲜的外观，为饮料带来更浓郁的颜色。同样的方式也能运用到珠宝专卖店以及其他商业性质比较强的区域，通过不同色温来更好地表现出商品的特色，从而勾起公众的购买欲，促进消费的达成。

第1章 照明概述
第2章 光与电的关系
第3章 照明灯具
第4章 照明量计算
第5章 照明与设计
第6章 直接与间接照明
第7章 艺术照明
第8章 照明案例赏析

2.艺术照明方法

城市夜景照明所采用的照明方法有很多种，主要有泛光照明、轮廓照明、内透光照明、多元空间立体照明、剪影照明、层叠照明、月光照明、功能光照明以及特种照明。

泛光照明是指通常用投光灯来照射某一情景或目标，且其照度比其周围照度明显高的照明方式；轮廓照明是指利用灯光直接勾画建筑物或构筑物轮廓的照明方式；内透光照明则是指利用室内光线向外透射形成的一种照明方式，这种方式比较少见。

多元空间立体照明法是指从景点或景物的空间立体环境出发，综合利用多元（或称多种）照明方式或方法，对景点和景物赋予最佳的照明方向，适度的明暗变化，清晰的轮廓和阴影，充分展示其立体特征和文化艺术内涵的一种照明方式。剪影照明法也称背景照明法，它是利用灯光将被照景物和它的背景分开，使景物保持黑暗，并在背景上形成轮廓清晰的影像的一种照明方式；层叠照明法是指对室外一组景物使用若干种灯光，只照亮那些最精彩和富有情趣的部分并有意让其他部分保持黑暗的一种照明方式。

↑此处使用了暖黄色的灯光将建筑的外轮廓清晰地展现在公众面前，黄色的灯光犹如给建筑增添了一抹黄金线，使得整个建筑气势愈加磅礴。

↑此处立交桥的桥身下方有一条暖黄色灯带，桥上方搭配有明亮的路灯，和立交桥其他区域形成明暗对比，从而凸显出立交桥的整体形态。

月光照明是指借用月光映射在高大树枝或建（构）筑物中，月光能营造出朦胧的效果，并使树的枝叶或其他景物在地面形成光影的一种照明方式；功能光照明法是指利用室内外功能照明灯光装饰室外夜景的一种照明方式，例如室内灯光、广告灯光、橱窗灯光、工地作业灯光、机动车道的路灯；特种照明方法则是指利用光纤、导光管、硫灯、激光、发光二极管、太空灯球、投影灯和火焰光等特殊照明器材和技术来营造夜景的一种照明方法。

图解小贴士

灯光不应该过多过杂，以免危害人体的健康。灯光的色彩如果反差太大，让人眼花缭乱，不仅有损视力，还会干扰大脑中枢高级神经的功能。颜色过多，容易产生光污染，很明显的一个例子，在迪厅里的光污染很严重，容易让人眼产生不适。此外，不合理的灯光色彩还会影响儿童的视力发育。一个房间里灯光的颜色最好不要超过三种，各种颜色之间也应该协调统一。

第8章
照明案例赏析

章节导读：

照明在现代社会中起着非常重要的作用，几乎所有的地方都需要照明设计，优秀的照明设计能够让我们学习前辈的经验，迸发灵感，让我们的设计更全面化。不同的区域及其对照明不同的功能需求都会对照明设计产生影响，例如珠宝店的照明需要亮度比较高，但卧室照明亮度适中即可。在进行照明设计时，我们要考虑多方面因素，多多观察国内外优秀案例，对今后的照明设计有很大的帮助。

8.1 住宅空间照明

住宅空间的照明因其功能区域的不同，最后呈现的照明状态也会有所不同，例如玄关照明开关的位置主要依据人的生活习惯来确定，光照度也要依据不同人所能接受的范围值来设定，在设计住宅空间的灯光照明时既要因人而异，也要因地而异。

玄关：照明以明亮便捷为主

←玄关空高在2～2.3m之间时，可选择一级顶棚装饰玄关，此处的玄关照明在顶棚中设计了明亮的灯带，矩形造型周边设置有四个同等大小的筒灯，给玄关提供了足够的亮度。

→玄关空高在2.3m以上的，为了平衡整体空间感，可以在玄关走廊顶棚处设置更多造型，以此来弱化空高。此处的玄关照明采用了小型的吊灯，既满足了玄关照明的需要，也给玄关整体的照明增添了艺术感。玄关顶棚还可以依据需要选择其他更具特色的吊灯。

←玄关鞋柜上方挂有艺术画，进门的走廊处又设置有背景墙，此处的玄关照明除了基础照明外，还在艺术画以及背景墙处设置了小型射灯，重点突出了玄关设计的艺术美感。

客厅：照明以明亮而不刺眼为主，灯具依据装修风格来定

←客厅人流量较大，照明在满足基础的需要外，灯具的造型也要有所创新，此处的客厅照明除在一级顶棚处设置有筒灯，沙发旁也设置有造型简单的落地灯，整体照明设计很符合现代简约风的特点。

→客厅空高超过3m的可以考虑是否装设吊灯，此处客厅的照明选择了光源比较温和的吊灯，可以很好地中和灯带以及筒灯所可能造成的眩光问题，吊灯上的蓝色点缀也和地中海装饰风格相匹配，使得整体客厅照明更具有统一感。

←客厅的吊灯选择不宜过低，也不易过高，此处的客厅照明在顶棚上环绕有同等大小的筒灯，为客厅的行走动线提供了充足的照明。位于客厅中心位置的吊灯配以玛瑙绿色的珠坠，与灯的光影形成一幅美好的画面，与茶几上的花瓶以及客厅内的家具相互呼应，整体视觉美感也在此刻有所提升。

第1章 照明概述
第2章 光与电的关系
第3章 照明灯具
第4章 照明量计算
第5章 照明与设计
第6章 直接与间接照明
第7章 艺术照明
第8章 照明案例赏析

餐厅：照明方式可以多样化

←餐厅是就餐的区域，比较温和的暖光更能激发人的食欲。此处的餐厅照明在餐桌上方设置了一个梯形的吊灯，将餐桌整体覆盖在其照明范围内，光线比较温和，能使食物看起来更诱人。

→对于靠近窗户的餐厅区域，自然采光为其提供了一部分照明，此处的餐厅照明在其餐桌正上方处设计了一个小型的艺术吊灯，既和周边的卡座、背景墙等合二为一，也为夜晚的就餐提供了相对应的照明，设计可谓两全其美。

←位于梁下的餐厅区域，本身的空高就低于其他区域，太过明亮的照明反而会影响人的视觉。此处的餐厅照明在餐桌上方的梁上设计了五个间距一致的下垂吊灯，吊灯的光源采用的是筒灯，刚好照射在每个用餐的小区域内，既能照明又不会产生眩光问题。

图解小贴士

餐厅照明最重要的一点是灯光不能太过明亮，太过明亮的照明一方面更易造成眩光问题，另一方面可能会使人感到头晕眼花。为了达到良好的用餐目的，餐厅照明尽量低于客厅照明。

厨房：分重点照明和直接照明

←开放式厨房一般用于面积比较大的区域，这一类厨房的照明明度要求比封闭式厨房要高。此处的厨房照明在其顶面设计了吸顶灯，作为厨房照明的主灯，面积不大于厨房面积的2%~3%，另外在其操作台还设计有筒灯，可以重点突出厨房的操作区域，也能增加整体厨房的柔和气氛。

→面积比较大的封闭式厨房，照明可以分为两个层次：一个是对整个厨房的照明，一个是对洗涤、准备、操作的照明。此处的厨房照明在其洗涤区设计了三个明度一致的下垂吊灯，方便清洗厨具和切菜，在其烹饪区设计了大小一致的射灯，与抽油烟机自带的照明灯相配合。

←面积比较小的封闭式厨房采用直接照明已经可以满足其基本照明需求。此处的厨房照明在其顶部设计有吸顶灯，保持基本的照明，为了避免安全事故的发生，在其橱柜下方，操作台上方又设计了明度适中，光线比较柔和的射灯，为安全操作提供了照明保障。

💡 图解小贴士

由于厨房的油烟比较大，厨房照明所选择的灯具最好配备有灯罩，并且要定时清洗。

第1章 照明概述
第2章 光与电的关系
第3章 照明灯具
第4章 照明量计算
第5章 照明与设计
第6章 直接与间接照明
第7章 艺术照明
第8章 照明案例赏析

阳台：照明以夜晚照明为主，明度适中

←在白天，阳台有自然采光可以为其提供照明，因此，设计阳台照明主要以夜晚照明为主。此处阳台照明选用了照度适中的吸顶灯，为其夜晚照明提供了足够的亮度。

→比较狭长的封闭式阳台，在设计时要充分考虑到照明的照射范围。此处的阳台照明在其阳台顶部设计有同等大小与间距的嵌入式筒灯，与顶部的木质平顶形成很好的搭配，也为阳台的每一角均提供了足够的照明。

←楼层比较低的开放式阳台，在设计其照明时不仅要考虑其照度，还要考虑其开关位置的设置。此处的阳台照明在其木栅格顶棚中央设计有吊扇灯，一方面为阳台提供了照明，另一方面在炎热的夏季也能带来一抹清凉。但有一点要注意的是，低楼层的开放式阳台蚊虫比较多，明亮的灯具是吸引蚊虫的利器，因此建议选择明度处于中等范围内的灯具。

图解小贴士

阳台照明的开关一般建议安装在室内，并安装剩余电流断路器，灯具要选择具有防水性能的。

卧室：照明依据功能需要有不同设计

←在卧室空高较高的情况下，照明灯具可以选择吊灯，来缓解高空间给睡眠带来的压抑感。此处的卧室照明选用了小型的艺术吊顶，在床头还配有相对应的艺术壁灯，使整体更具设计美感。

→位于床头两边的台灯是卧室照明中必不可少的灯具之一。此处的照明设计除了在床头设置有明度比较温和的台灯外，还在床头上方左右两侧设计了带有灯罩的壁灯，避免了眩光的产生，也为睡前的阅读提供了照明。

←顶面造型比较特殊的卧室，可以依据其空间造型的不同来选择不同的照明方式，从而形成丰富的层次感。此处的卧室照明在其床头设计有一字形的灯带，灯带光源色温设定在2500～3000K之间即可。另外在其顶面斜角处还设计有格栅式顶棚，并配有嵌入式筒灯，为卧室活动提供了足够的照明。

图解小贴士

卧室带有梳妆台的，需要在梳妆台处采取重点照明，即在此处设置光线比较温和的射灯，既能起到照明作用，也能美化妆容，愉悦人的心情。

书房： 照明分工作区和阅读区

←书房照明首先必须重视的是工作区域照明的亮度要适中。此处的书房照明重点在于使用频率较高的书桌照明，在其书桌上方设置有悬挂式吊灯，并配以灯罩，避免直接的眩光。

→书房阅读区的照明主要体现在灯具的选择上，可以选择台灯，也可以选择落地灯。此处阅读区的照明选择了落地灯，并将其设置在座位的前方，有效地避免了阴影的产生。

←书房照明还需要设计重点照明，即在书柜的每一格均设置射灯，方便辨明书籍的位置与名称，也有利于书籍的整理。此处书房的重点照明除在书柜隔间处设置有射灯外，在其书桌的正上方的格栅式顶棚中央设置有悬挂式吊灯，为书房的工作区提供了足够的照明。

　　书房的重点照明区域的照度值必须达到500lx以上，为了避免阅读时产生阴影，可以将灯光内藏于书桌上方书柜下缘，或选用防眩光的台灯作为重点照明，还可以选择在顶棚上装设大小、间距一致的一字形灯具、嵌灯或吸顶灯，维持全室基本照度，并配以阅读台灯作为重点照明。

卫生间：照明分区域设计

←卫生间的照明依据区域的不同对其照明的亮度值要求也会有所不同。此处卫生间空高比较高，在其浴缸的顶部设计了亮度比较高的吸顶灯，在洗漱区设计有镜前灯，为梳妆、护肤提供了充分的照明。

→面积比较小，空高比较低的卫生间，在进行照明设计时选用不占用空间的筒灯就足以达到照明需求。要注意浴霸的安装，灯罩也是必须要的。另外卫生间的灯具需要选择防水型的，以避免漏电事故的发生，保证照明的安全性。

←面积比较大的卫生间，在进行照明设计时除去最基本的照明外，还可以适当增加一些艺术照明。此处的卫生间照明在其洗漱区设计了相应的蜡烛灯，为其增加照度值的同时，也能增添生活情趣，净化心灵。

卫生间的照明设计要格外重视其安全性，由于卫生间属于明水较多的区域，历年来在卫生间发生的雷击事故以及漏电事故频频发生，在进行卫生间设计时要考虑边角处的重点照明，避免摔倒事故的发生，另外照明开关的相应防漏电设施也要定期进行更换与检查，确保万无一失。

第1章 照明概述
第2章 光与电的关系
第3章 照明灯具
第4章 照明量计算
第5章 照明与设计
第6章 直接与间接照明
第7章 艺术照明
第8章 照明案例赏析

8.2 办公空间照明

办公空间的照明主要包括前台、休息等候区、走廊、工作区域、会议区域以及经理室等的照明，有些办公空间还会有娱乐区域，在设计办公空间的照明时不仅要依据场地的不同来设计，公司的性质不同，其所设定的照明的相关数值也会有所不同，这点要注意。

前台：照明以明亮为主，主要体现恢宏大气的气势

←办公空间的前台照明是一个公司的门面工程，其照明一定要敞亮。此处的前台照明在其矩形顶棚处安装有灯带，在大厅的中央处设计有六个同等大小的矩形内嵌灯带，将前台、大厅整体囊括在内，整体非常恢宏、大气，使办公空间更高大上。

→面积处于中等范围的前台区域，为了彰显前台的国际化，可以更多地使用环保型的科技照明产品。此处的前台照明在其上方正中央处设计了椭圆形LED灯，既环保、节能，照度值也达到了标准需求。椭圆形的灯具不仅极具几何美感，其发散性的光源也能满足整体前台照明的需求。

←具有特殊造型的前台服务区，在进行照明设计时要综合考虑。此处的前台为弧形，为了保证各角落均有光照，选择了弧度较大的椭圆形灯具，在其格栅顶棚上，还设计有内嵌型的筒灯，为大厅的照明提供了足够的照度值。

休息等候区：照度值适宜，主要体现愉悦舒适的气氛

←办公空间的休息区照明一般照度在20lx以上即可。此处休息区的照明选用了带有灯罩的半圆形灯具，整体偏暖光，适宜休憩，围绕在半圆形灯具周边的筒灯也为阅读提供了适宜的亮度。

→公共空间的等候区时常会有人在此打电话、填写简历或者撰写报告等，因此照度值相对于休息区要高。此处的休息区照明在其顶棚设计了排列有序的 LED 灯，照度值在 550～850lx之间，可以清晰地看清汉字，又不会形成眩光，对人眼产生伤害。

←面积比较小的等候区照度值设定在500～750lx即可。此处的等候区照明选择了聚光型的带有灯罩的圆筒吊灯，既为看清周边人的五官轮廓提供了足够的亮度，也为写字、阅读提供了适宜的照度值。

图解小贴士

办公室照明光源色温的选择与色表有很大的关系，色表为冷色调，则色温大于5300K；色表为中性色调，则色温在3000～5300K；色表为暖色调，则色温小于3000K。

第1章 照明概述
第2章 光与电的关系
第3章 照明灯具
第4章 照明量计算
第5章 照明与设计
第6章 直接与间接照明
第7章 艺术照明
第8章 照明案例赏析

走廊：以安全照明为主

←办公空间的走廊是人流量较大的区域，走廊空间有限，对照明的要求会更高。此处走廊照明沿着其踢脚线设计了一条明亮的灯带，既为安全行走提供了照明，也起到了指导路线的作用。

→走廊宽度在800～1200mm的，设计照明时要分直接照明和重点照明。此处走廊在其顶棚顶部设计了内嵌式筒灯作为直接照明，在其转角处和有凸出的角落处设计了射灯，作为重点照明，以防出现摔倒事故。

←走廊宽度仅限一人行走的，在设计照明时要避免眩光的产生。此处为拱形走廊，其本身就对光源有反射作用，在进行照明设计时，照度值不宜过高，可以采用穹顶照明的方式，在其拱形的中央处安装内嵌式筒灯，可以有效地发散光源，达到照明的目的。

　　根据办公室的照明等级，走廊的常规照明应该设定在150～300lx之间，另外灯具的选择是基于光源的使用和走廊的尺寸的，对于窄走廊建议选用紧凑型的投光灯具，宽走廊建议选用双管灯具，因地制宜才能达到更好的照明效果。

第1章 照明概述

第2章 光与电的关系

第3章 照明灯具

第4章 照明量计算

第5章 照明与设计

第6章 直接与间接照明

第7章 艺术照明

第8章 照明案例赏析

工作区：照明满足基本的工作需求，不给人压抑的感觉即可

←开放式的工作区域主要体现一种自由的气氛，其照度水平控制在600～1000lx即可，这也是在视觉安全基础上的照度要求。此处工作区的照明选用了三个带有灯罩的吊灯，为工作区域提供了基本照度，同时也不会产生眩光。

→采光效果比较好的开放式工作区域，照明设计可以分区域来定。此处的工作区域在每个工作位的台面上均设置有亮度适宜的台灯，在其顶棚也设置有排列间距一致的铝扣板灯，为夜晚的工作交流提供了适合的照度。

←比较封闭的工作区域重点是要营造一种轻松的工作氛围，在设计照明时色表可以多样化。此处的工作区域在灯罩的外形颜色选择上比较色彩化，映衬出的灯光也比较柔和，与工作区中间的游戏桌台的照明形成呼应。

　　工作区域的照明设计更重要的是要考虑灯具及其光源对人的心理、生理所产生的影响，要选择适中的照明质量，所选的灯具不醒目，在满足基本工作照度的基础上，能给人一种舒适的感觉。另外也可以适量增加间接照明，以此来达到中和照度值的目的。

会议区： 照明要满足多种需求

←会议室主要用于召开会议、陈述以及讨论等团体活动，照明色温设定在4500～5000K。此处会议区整体为直接照明，并配备有低电压的投影灯具，为视听演讲提供辅助照明。

→开放式的会议区参与人数较多，主要采取集中照明。此处会议区在其会议桌上方设置有长条形的LED灯，色温在4000K以下，为其文案集中交流提供了基础照明。周边配备有适量的筒灯，为其行走以及收取资料提供了辅助照明。

←封闭式的小空间会议区的照明适宜选用紧凑型的灯具，但要注意不会给人造成压抑感。此处会议区照明选用了多支细管LED灯，顶棚侧边还设置有圆形筒灯，双重照明，使得整体空间明亮度有所提升又不会太过于明亮。

　　会议区如果使用白色演示板进行演讲，建议选择射灯为其提供具有垂直照度的特殊照明。对于同一空间不同需求的会议区，可以选择遥控（红外）控制周围亮度的照明控制系统，以此来为会议区的照明提供足够的灵活性。

经理室：照明能够增加其办公室特色

←经理室是经理进行决策和使用计算机的区域，重点在于工作台面的照明。此处经理室在办公桌上方设有不同长度的悬挂式吊灯，既为工作提供了照明，也缓解了工作的压力。

→经理室的文件柜一般建议选用重点照明，有利于提高整体工作效率。此处文件柜每一格都配备有相应的灯管，可以很清楚地看到文件的名称和位置，这种照明方式也有利于后期文件的清理，暖色调的灯光也为枯燥的工作增添了一抹不同的色彩。

←空间比较小的半透明经理室建议选用直接照明的方式。此处经理室中的办公桌上方中央处设置有长条形的悬挂式吊灯，为基本的决策工作提供了照明。位于空调旁的射灯也为操作计算机提供了基础照明。

图解小贴士

办公空间的一般照明适合设置在工作区域的两侧，在采用线形灯具时，灯具的纵轴要与水平视线平行，不建议将灯具布置在工作位置的正前方。

第1章 照明概述
第2章 光与电的关系
第3章 照明灯具
第4章 照明量计算
第5章 照明与设计
第6章 直接与间接照明
第7章 艺术照明
第8章 照明案例赏析

8.3 服装专卖店照明

　　服装专卖店的照明除了要体现商品的质量外，还要体现一个品牌的定位和形象，其照明要起到帮助人们完成购买过程的作用。服装专卖店的照明在作为辅助销售手段时，除了以往的静态灯光，还可以适度地增加动态灯光来达到吸引消费者的目的。

橱窗：以重点照明为主，主要展现商品的魅力

←服装专卖店的橱窗照明是重点工程，其照明设计要突出品牌特色。此处橱窗照明选用了大量导轨射灯，所投射的光线很好地与黑白色为主打色系的服装相匹配，突出了品牌简约风的特点。

→分为男女装的橱窗照度可以一致，一般控制在150～500lx。此处的橱窗照明选用了上照的导轨射灯，重点突出服装特色，以此达到吸引消费者购物的目的。在其橱窗顶棚还设置有少量的小射灯，与轨道灯形成混合照射，丰富了服装的色彩。

←只展示一件服装的橱窗，在设计照明时一般会采用重点照明。此处的橱窗为了表现婚纱的材质与设计，在其上方设置了大型的吸顶灯，与环绕在婚纱周边的镜子形成了视觉上的错觉，使人将其重心均放置在婚纱上，从而引起购买欲。

Logo：一般采用泛光照明，加深顾客对品牌的印象

←服装专卖店的Logo如果设置在室外，一般建议选择灯箱照明。此处的Logo被包裹在圆形的灯箱中，黑色的Logo标志与白色的灯光形成明显的对比，同时也加深了品牌印象。

→服装专卖店的Logo如果设置在室内，一般照度设定在1000lx以上，照度均匀度在0.6以上，显色指数设定要大于80。此处的Logo照明在其下方设置有三个亮度一致的球形灯具，Logo本身也由LED灯组成，两者混合搭配，更深层次地加深了品牌印象。

←服装专卖店Logo比较复杂的，可以选用侧面发光的照明方式。此处的Logo照明选用了侧面投射光线的泛光照明，使得Logo更具有立体感，非常醒目，也更能吸引消费者的注意，使其踏入店内，完成消费的第一步。

服装专卖店Logo的照明要区别于周边其他店面，Logo照明色温的选择要与室内照明的色温相协调。在采用灯箱照明时，要注意灯间距要控制好，一般为200mm，所使用的灯管和灯箱的表面距离要控制在100mm以外，这一点在照明设计时要考虑在内。

第1章 照明概述
第2章 光与电的关系
第3章 照明灯具
第4章 照明量计算
第5章 照明与设计
第6章 直接与间接照明
第7章 艺术照明
第8章 照明案例赏析

收银台：以集中照明为主

←服装专卖店的收银台是消费者重点关注的区域，其照明既要突出又不能与服装展示区相冲突。此处的收银台选用了轨道射灯，将其工作台面清楚地展现在消费者面前。

→收银台属于台面工程，其照度标准值为500lx，照度均匀度在0.6以上，显色指数设定要大于80。此处的收银台正上方设置有上照形式的射灯，为收款工作提供了足够的亮度，灯具间距较之其他区域比较小，使得光源比较集中，也更有利于收银人员的工作。

←收银台台面的装饰改造也会改变照明的呈现效果。此处的收银台装饰台面花型比较繁杂，在灯具的选择上更多的是使用筒灯，其垂直照度比较高，既不会与收银台台面的装饰相冲形成眩光，也为收银工作提供了一般照明。

　　收银台的照明灯具要更多地选用节能灯具，同时还要考虑环境照明与有效的配电系统，应当选择效率高、比较容易清洁和更换的灯具，要控制好灯具与收银台台面装饰的关系，控制眩光的范围，采取符合要求的照明。

服装展区： 以分区化的重点照明为主，主要体现服装的魅力与设计特色

←服装展区是最能吸引消费者的区域，照度值要达到750lx。此处的婚纱展区选用的是射灯，照明色温根据婚纱的颜色设定在3000K以上，能更好地展现婚纱特色。

→如果服装展区展示的是同一材质的服装，那么其光照度可以一致，照明显色性一般要大于80。此处服装展区选用了内嵌式的顶棚射灯，能够更好地突出被照射的服装特色，均匀排列的射灯也可以使消费者更清晰地看到服装的板型与剪裁。

←为了突出服装展区中的主题服装，最好采用重点照明与一般照明相结合的照明方式。此处的服装展区选择了侧照的轨道射灯，重点突出中心区域的主打服装。展架上的服装则选用了一般照明的方式，使服装展区层次更分明，更有利于消费。

💡 **图解** 小贴士

服装展区的照明灯具除了轨道射灯外还可以选择组合射灯，组合射灯可以兼具重点照明与局部照明，还可以依据商品来进行不同的布置，使用频率较高。

第1章 照明概述

第2章 光与电的关系

第3章 照明灯具

第4章 照明量计算

第5章 照明与设计

第6章 直接与间接照明

第7章 艺术照明

第8章 照明案例赏析

图解照明设计

等候区：以一般照明为主

←等候区是每个服装专卖店必备的区域，照明亮度适中即可。此处的等候区位于婚纱店内，沙发上方的LED灯提供了基本照明，墙壁上的两盏壁灯也起到了很好的观赏作用。

→男装店的等候区整体感觉比较硬朗，明度可以稍稍有所提高，照度值控制在500~800lx之间。此处的等候区在其格栅顶棚上设置了间距一致的轨道式吊灯。均匀排列的轨道式吊灯配上沙发后的墙壁灯，很好地将男装店的简洁、明朗体现无疑。

←带有展示功能的等候区除去座椅处的一般照明外，展示架上的商品也应配有重点照明。此处的展示架商品为书籍和饰品，为了增强商品的视觉效果，沿其周围设置了一条灯带，既起到了渲染商品的作用，又不至于亮度太高而与休息区的一般照明形成冲突。

　　休息等候区的照明色表主要以暖色为主，色温控制在3000K以下，根据不同人群对灯光的接受程度，其照明亮度也会有所变化。在灯具的选择上，一般会选择比较节能的LED灯，在选用筒灯做一般照明时还要注意均匀布置，以此来适应商品布置的灵活性。

更衣室：以一般照明为主，最好选择具备美颜功能的灯光照明

←更衣室内没有配备镜子的，照明主要提供基本的照明即可。此处的更衣室在其室内以及室外均设置有轨道射灯，既能帮助看清服装的材质与色彩，也能防止碰撞事故。

→更衣室内带有镜子且空间相对比较封闭的，照明以能体现服装美感，提亮肤色为主。此处的更衣室分为五个单独的空间，每一个空间内都设置有具备一定美肤指数的LED灯，空间外还设置有长条形的LED灯管，为更衣室内的休息区提供了基本的照明。

←穿衣镜在更衣室外的，照明主要以穿衣镜前的重点照明为主，更衣室内的一般照明为辅。此处的更衣室面积较小，室内的照明选择筒灯作为一般照明，来提供基本的照明，更衣室外的穿衣镜则采用下照的方式重点突出镜中景象，以此来增强消费者的购买欲。

💡 图解小贴士

不同人群对照明的要求不同，导致了不同类型的服装店的照明要求也会有所不同，例如童装店适合选用重点照明和漫射，以此吸引孩童的注意力，老年服装店则适合照度水平较高的照明等。

第1章 照明概述
第2章 光与电的关系
第3章 照明灯具
第4章 照明量计算
第5章 照明与设计
第6章 直接与间接照明
第7章 艺术照明
第8章 照明案例赏析

8.4 书店照明

　　随着经济的发展，书店不仅销售书籍，同时还销售各类衍生出来的产品，例如书画、陶艺作品等。在设计其灯光照明时要充分考虑不同区域对于光照度的需求，另外还需注意明暗度的对比，竭力营造一个舒适的阅读环境。

书籍展示区： **以重点照明为主，一般照明为辅**

←书籍展示区展示的是当季新出的书籍，照明要能方便读者查阅。此处展示区在平铺区选用了悬挂式吊灯，为读者辨别书籍提供了基础照明，书柜上的书籍和手册选用灯带照明，方便又节能。

→纯粹只做展示作用的书籍墙一般选择射灯来做重点照明。此处书籍展示区仅做观赏使用，选用间距一致的射灯能够清晰地将书籍展示在读者面前，亮度足够的射灯也能很好地将书籍内页内容清晰地传达到读者的视觉感官内，指引其上前观赏。

←靠近窗边的书籍展示区照明要将自然光与人工光充分结合。此处书籍展示区靠近落地窗，本身就具备了很足的自然光，展示区上方的方形吊灯灯光比较柔和，为夜晚阅读提供了一个比较良好的照明环境。

←靠近书店入口处的书籍展示区的照明亮度可以高于其他区域。此处书籍展示区的上方设置了多边形吊灯，投射下来的光影和摆放有序的书籍与周边形成明暗对比，能很好地凸显书籍。

→靠近书库的展示区照明选择一般照明即可。此处书籍展示区面积较大，通道比较多，在上方均匀设置有内嵌式筒灯，为读者行走选购书籍提供了动线照明，书库与展示区的通道上方同样设置有内嵌式筒灯，为读者浏览书籍提供了安全照明。

←具备阅读功能的展示区照明要兼具书写和阅读交流功能。此处书籍展示区采用了轨道射灯，为挑选书籍提供了基础照明，书桌旁边的交流墙选择了下照的射灯，在为书写提供基础照明的同时也能够清楚地将便签上的交流内容展现在读者面前。

　　书籍展示区的照明还需考虑节能的问题，可以从灯具的选择上，照明方式的变化上以及相关设备的维护上来做改动。由于书店大部分都是纸质书籍，对于灯具、照明设备选型、安装、布置等方面要注意安全性以及防火性。比较大的书店还应设置值班照明、警卫照明以及应急照明等，力求为读者创造一个安全的阅读环境。

第1章 照明概述
第2章 光与电的关系
第3章 照明灯具
第4章 照明量计算
第5章 照明与设计
第6章 直接与间接照明
第7章 艺术照明
第8章 照明案例赏析

书库：一般选择间接照明

←书库的照明任务主要发生在垂直表面上，一般书脊处的0.25m垂直照度为50lx。此处照明在书库旁选用了带有封闭式灯罩的吊灯，将光源集中，既方便挑选书籍，又不会对视觉产生影响。

→书库旁的通道照明亮度一般要高于其他区域，由于开启数量较多，在灯具的选择上要有所变化。此处书库照明选用了节能的LED灯，亮度既能达到需求值，在同时开启数盏的情况下，光能效率也比较高。

←书库中间的通道照明一般建议采用专用的灯具。此处的书库照明在靠近书架处设置有均匀分布的矩形灯具，安装高度较低，一方面提升了书架的垂直照度，另一方面也有效地防止了眩光的产生。

　　书库照明在选用间接照明时可以选择具备多水平出射光的荧光灯具，另外还要注意防止紫外线对书籍的影响，有条件的可以选择具备过滤紫外线功能的工具。如果选择开启式的灯具，那么它的保护角要在10°以上，同时要注意控制好灯具与图书等易燃物之间的距离，以免引起火灾。

←书库带有弧形通道的可以选用混合照明。此处书库照明在顶棚处设置有并排的轨道射灯，为拿取两边书架上的书籍提供了照明，射灯旁的LED灯为书库照明提供了更灵活的方式。书架内部展区内的灯带起一个重点照明的作用，很好地将展品凸显出来，引领人上前观看。

→书库的照明一般不建议选择无罩的直射灯具和镜面反射灯具。此处书库照明选用了带有灯罩的灯具两排并列分布，有效地减缓了由于灯光引起的光亮书页以及光亮印刷字迹产生的反射，避免了对视觉的干扰。

←书库照明不建议选择直射型的灯具，这种灯具容易在书架上产生阴影，不利于读者阅读和挑选书籍。此处书库照明选用了球形铁艺灯具，同时搭配明亮的壁灯，与装饰垂柳相搭配，营造出一种静谧的阅读氛围。

💡 **图解**小贴士

为了更好地加深照明效果，书库在进行地面装修时可以在材料上有所变化。为了提高整体底层书架的垂直照度，在进行书库地面装修时可以采用反射系数比较高、没有光泽的建筑材料作为地面装饰材料，这种类型的材料不仅可以增加地面的反射比，也能很大程度地减缓眩光的产生。

第1章 照明概述
第2章 光与电的关系
第3章 照明灯具
第4章 照明量计算
第5章 照明与设计
第6章 直接与间接照明
第7章 艺术照明
第8章 照明案例赏析

阅读区：采用一般照明或者混合照明都可以

←书店阅读区最重要的是营造一个舒适的视觉环境和阅读氛围。此处多人阅读区选择悬挂长度不均的艺术吊灯，柔和的光线为阅读提供了基本照明，双人阅读区选用了轨道射灯和艺术吊灯，搭配墙上的铁艺挂件，艺术气息十足。

→阅读区的照明如果选择混合照明的方式，那么一般照明的照度建议为总照度值的1/3~1/2。此处靠近墙边的阅读区选用了内嵌式射灯和漫射板型的灯具，既方便阅读，又凸显出背景墙上的小贴纸。其他区域的阅读区则选用了悬挂式灯具作为一般照明灯具，为读者阅读提供了适合的亮度。

←阅读区设置成长座形式的，照明一般建议采用下照的照明方式。此处阅读区长座上方选用了内嵌式筒灯，墙面选择了下照式的射灯，为读者交流与阅读提供了比较适合的照度，搭配座位上方的三角灯罩，形成了趣味十足的光影，既缓解了单调的阅读行动，也不会对视觉造成影响。

图解小贴士

　　阅读区如果选用荧光灯照明，要注意选择优质的镇流器，建议将电感镇流器放置在阅读区外，这样可以有效地减少因为镇流器而产生的噪声干扰，也能更好地创造一个比较安静的环境。

书库与阅读混合区：建议选择混合照明的方式

←书库与阅读混合区的照明可以多利用自然光，此处阅读区靠近窗边，照明主要在书库。书库区选用了带有灯罩的灯具和内嵌式筒灯，双重照明方式给书库和阅读区都提供了足够的照明。

→位于书店中央的书库与阅读混合区，照明可以采用局部照明和整体照明的混合方式。此处由于顶棚造型比较不常规，在其墙边都设置有兼具上照和下照的灯具，和顶部的内嵌式筒灯形成搭配，使整体形成一个环绕的光影环境，为阅读增添了趣味，引人驻足。

←玻璃是很好的反射材质，此处照明在阅读区选用了玻璃灯罩，光线在灯罩内反射然后再投射到书桌以及书架上，光线也比较柔和，书库格栅顶棚处设置有轨道射灯，与悬挂式吊灯相配，共同营造出一个融洽的观赏与阅读环境。

　　书库与阅读混合区的灯光照明设计可以在光源的数量以及灯具的类型选择上做变化，建议更多地选择LED节能灯具，一方面是朝着绿色环保的设计目标进发，另一方面也能有效地提高灯光效果，创造更好的灯光照明环境。

第1章 照明概述
第2章 光与电的关系
第3章 照明灯具
第4章 照明量计算
第5章 照明与设计
第6章 直接与间接照明
第7章 艺术照明
第8章 照明案例赏析

8.5　酒吧照明

　　灯光照明是酒吧装修很重要的一项工程，酒吧的照明主要起到的是一个渲染和装饰的作用，配合造型美观的灯具和灯饰，再配上科技手段，可以很好地将灯光创造成各种独具特色的光圈图案、光画等。

门面： **照明灯具以霓虹灯或者灯箱为主，主要吸引行人的注意力**

←位于商业中心区的酒吧，门面照明通常都以彩色灯箱为主。此处的酒吧外装饰由均等大小、不同色彩的灯箱组成，极具灯光魅力，可以很好地吸引行人入店消费。

→蓝色调酒吧的门面照明最重要的就是体现其优雅的气质。此处的酒吧外装饰采用了侧照以及泛光照明，使酒吧在夜色中显得尤其亮眼，虽然没有采用霓虹灯来渲染气氛，但就是这种简单的照明方式更能突出酒吧的特色。

←清吧照明最重要的要和闹吧区分开来，给人一种沉静的感觉。此处的音乐酒吧外装饰选用了不同色块的灯箱来组成统一的图案，既表现出与其他店面的不同，整体色表搭配又比较沉稳，很能吸引人。

吧台：以间接照明为主

←吧台是酒吧照明中很重要的一部分，要更多地利用光影营造私密的气氛。此处吧台均匀设置了照度一致的射灯，与周边环境形成强烈的明暗对比，也能加深消费者的印象。

→对于吧台而言，轨道射灯是其照明灯具的不二之选。此处的吧台采用了下照的方式，重点考虑消费者的视线，使其在此处停留能够更久，促进其消费。大写的字母立体灯与空中悬挂的水晶杯也形成了戏剧性的灯光，引人驻足。

←吧台是消费者长时间停留的区域，应该重点强调吧台展架上的商品，利用间接照明的方式来做出视觉重点。此处的吧台在每格展示柜上方设置有暖色调光源，将消费者的视线集中在展架商品上，使吧台具备了观赏功能。

　　不同方式的照射可以突出物体或装饰品的质感，也可以产生光晕和光影装饰。不同色表所呈现的照明效果也会有所不同，例如暖色调的色光给人华贵、热烈、欢快的感觉；而冷色调的色光，则给人凉爽、安宁、深远之感，在进行照明设计时，要具体情况具体对待。

第1章 照明概述
第2章 光与电的关系
第3章 照明灯具
第4章 照明量计算
第5章 照明与设计
第6章 直接与间接照明
第7章 艺术照明
第8章 照明案例赏析

卡座：照明以艺术灯具为主，能提供基本的照明

←清吧卡座的照明没有闹吧的卡座灯光那么绚丽，一般只需要照度值达到标准值即可。此处的卡座上方设有艺术吊灯和台灯，横梁上还设有轨道射灯，为消费者观赏表演提供了足够的亮度。

→单人的卡座照明主要营造的是一种私人的领地感，一般建议选择重点照明。此处的单人卡座采用了铁艺吊灯，造型美观的铁艺吊灯给消费者独享心事提供了绝佳的氛围，在另一种程度上也促进了消费。

←靠近舞台边的卡座更多的要考虑到其照明与舞台灯光是否形成搭配。此处的卡座选用了锥形吊灯，所投射的光影能够让消费者更清楚地看到舞台上的表演，不会产生光线错觉。暖色调的光源也能更好地调节气氛，给人不一样的微醺感。

　　另外在进行酒吧卡座的照明设计时，不论使用哪一种光线，都一定要注意光线强度对顾客消费时间的影响力度，例如比较昏暗的光线会增加顾客的消费时间；而比较明亮的光线则会相应缩短顾客的消费时间，在整体的照明设计中要有轻有重，有明有暗。

第1章 照明概述

第2章 光与电的关系

第3章 照明灯具

第4章 照明量计算

第5章 照明与设计

第6章 直接与间接照明

第7章 艺术照明

第8章 照明案例赏析

表演台：以重点照明为主，灯光可调节

←酒吧表演台的照明主要是为了展示表演者的魅力。此处的表演台运用了大量的轨道射灯，还配备有追光灯来重点表现人物特点。

→表演台位于卡座中间的，光线不宜太过强烈，太过强烈的灯光不仅容易造成眩光，还会影响观赏效果。此处的表演台同样选用了轨道射灯，来重点突出舞台表演路线，但照度比较低，与周边比较暗的大环境相协调。

←音乐清吧的表演台比较素雅，照明选用比较柔和的光源即可。此处的表演台选用下照的轨道射灯来重点突出表演者，将观赏者的视线集中在表演者身上，增强其参与感。灯光投射的光影与舞台墙面以及地面形成独具特色的光画，使人沉醉其中，流连忘返。

💡 图解小贴士

　　整个表演舞台是需要一个基本照明的，基本色光同时也是整体舞台的气氛光，它决定了整个灯光效果的基调，或是热情奔放，或是浪漫温馨，设计其照明时要依据需要而定。

舞池：照明主要渲染舞台气氛

←舞池照明更多的是要能激发人的表演欲望。此处的舞池选用了七彩霓虹灯，动感的灯影效果能更好地带动人的情绪，增强其参与感。

→作为背景灯存在的天幕灯能够很好地将背景舞台凸显出来。此处的舞池选用了天幕灯，并在其台阶处设置了追光灯，既彰显了舞蹈者的风采，又有效地防止了踩踏事故的发生。

←场地比较大的舞池可以选用组合射灯来进行照明。此处舞池上方同时设置有轨道射灯和长条形灯管，与现今的科技手段相结合，给观赏者呈现出带有螺旋状的光画，光影效果美妙绝伦。

　　舞池的照明设计还可以选用特殊效果灯，以此来营造不同的光影效果，具备优越性能和千变万化的灯光效果的电脑灯是特殊效果灯的首选，但要注意必须是在保证基本光照和基本光影效果的前提下使用电脑灯。

走廊、通道：照明主要起引导的作用

←酒吧出口处的楼梯照明要重点注意，一般建议以白光灯为主的照明光源。此处的楼梯通道在其不同方位设置了轨道射灯，将楼梯拐角与踏步清楚地呈现在消费者面前，一方面引导消费者前往收银台结款，一方面也为行走提供了安全照明。

→酒吧内前往洗手间的走廊依旧可以保留其绚丽的灯光。此处的走廊照明选用了不同色表的光源，与走廊墙壁上的凸起部分形成一条带有指示功能的光线，同时也兼具了观赏性，走廊上方的异形灯带和筒灯也为行走提供了基础照明。

←酒吧内具有特殊造型的走廊在照明设计上要多方面考虑。此处的拱形走廊，每间隔一段距离都设置有同等照度的灯管，水平投射的光线与走廊的穹顶以及地面的瓷砖形成反射，呈现出不一样的光影效果，既能指引人的方向，又能让人置身于美妙的光影世界中。

图解小贴士

　　酒吧的不同区域，所选用的灯型、色系、光度以及灯具的数量都是不一样的，投射方向不同，所呈现的效果也会不同，依据所要达到的不同亮化效果，要选择不同的照明方式，这点要注意。

第2章 光与电的关系

第3章 照明灯具

第4章 照明量计算

第5章 照明与设计

第6章 直接与间接照明

第7章 艺术照明

第8章 照明案例赏析

219

8.6 珠宝专卖店照明

不同的珠宝需要不同的灯光来配合使用，例如黄金饰品、水晶与钻石所需的灯光是不一样的。珠宝专卖店在进行照明设计时，需要考虑的因素有灯色、照明程度、闪烁度、温度、演色性、红外线以及紫外线等。

橱窗： 以重点照明为主，主要凸显宝石的特性

←珠宝本身对光源有着极高的要求，一般要求色温在4500K左右。此处的橱窗照明选用了钻石光卤素灯，灯光显色效果好，能很好地展示出钻石的魅力。

→橱窗里的黄金饰品可以采用冷光杯进行照明，这样能够达到散热的目的。此处橱窗照明在其上方设置有射灯，这种照明设计围绕见光不见灯的原则，很好地将黄金饰品凸显出来。

←宝石类的产品一般可以采用日光杯进行照明，也可以选用光纤进行照明，这种灯光能够将宝石以及玉石等的通透性很好地体现出来。此处的玉石橱窗选用了能凸显玉石特色的LED灯，这种灯具光线比较柔和、光色丰富、热辐射小，也比较便于安装。

入口：灯光要明亮，并与其他店面区别开来，给人耳目一新的感觉

←珠宝专卖店入口处的照明要与店内的整体照明相互协调，要给人一种引导易进的感觉。此处的入口照明和整体照明都选用了筒灯，并配有灯带，营造一种辉煌明亮的气氛，整体也比较大气，既方便挑选饰品，也能吸引人流，使其驻留在此。

→环形的入口在照明灯具的选择上也会有所不同。此处的入口设计了花型的顶棚，并选用了与之相配的花形大吊灯，为店内陈设提供了基本的照明。花型灯具的流苏与灯的光影在地面投射出特色的图案，增强了店面的吸引力。

←纵向排列的灯具在入口处能够起到很好的引导作用。此处的入口在顶端设置有均匀分布的筒灯，光线的纵向伸展延伸出一条浏览动线，指引消费者进内参观并完成消费过程。筒灯足够的亮度也使得消费者的行走动线更清晰、更流畅。

入口处光源的显色性要达到标准要求，在设计照明时要注意光与店内装饰材料色彩、质感以及反光之间的协调性，另外还需注意灯光必须具备装饰空间、烘托气氛以及美化环境的作用。所选用的灯具照度值不宜太高，安装位置也要多方面考虑。

第1章 照明概述
第2章 光与电的关系
第3章 照明灯具
第4章 照明量计算
第5章 照明与设计
第6章 直接与间接照明
第7章 艺术照明
第8章 照明案例赏析

陈列区：注意垂直照度，以重点照明为主

←珠宝专卖店陈列区的照明要注意店面环境照明与商品重点照明的关系。此处陈列区上方均设置有内嵌式射灯，下照式的照明方式能很好地体现珠宝的魅力。

→环形的陈列区和环形的入口一致，照明可以在顶棚与灯具上做变化。此处的陈列区设计了环形顶棚，并配有灯带与水晶吊灯，垂直向下的光线与陈列柜的玻璃材质形成反射，使得陈列其中的珠宝光泽更闪亮，更吸引眼球。

←越靠近入口处的陈列区，灯光的作用就越大。此处陈列区在入口附近，为了营造一种耀眼感，在展柜的上方设计了小型轨道射灯，玻璃展柜内也设置有小型射灯，偏暖色调的光源将展柜内黄金的闪亮感完美地展现在消费者面前，吸引其进店选购。

💡 **图解**小贴士

管灯是珠宝商在进行珠宝鉴定、采购时必须要采用的光源，适合作珠宝店面的空间照明，金属卤化物灯亮度强、光效率高，但光线过于刺眼，易使钻石颜色失真，只适合高挑的顶棚。

洽谈区： 灯光主要营造一种亲切感，同时能促进消费

←珠宝专卖店的洽谈区照明应具备功能性，能顺应陈列柜的灯光变化。此处洽谈区座位上方设置有内嵌式筒灯，光线比较柔和的筒灯为售货员与消费者的交流创造了比较融洽的聊天氛围。

→洽谈区照明还应营造一种轻松愉悦的沟通氛围，整体空间照度值控制在200～300lx之间，色温在3000K左右。此处的洽谈区选用了L形排列的内嵌式筒灯，配上珠宝展柜内的重点照明，在无形中促进了消费的完成。

←为了便于导购向顾客推荐定制珠宝款式，洽谈区光线应该集中在工作台面上。此处洽谈区选用了悬挂式吊灯，能够清晰地照亮导购与消费者的面部表情，比较适宜的色温也会给消费者一种热情感与亲切感，同时也能很好地防止眩光。

作为洽谈区的重点照明，照度值不应低于600lx，整体空间显色性也不应低于90%。此外，其他特定区域展柜的灯光与照明设计要依据区域的特定属性来综合考量与设计，只有将珠宝专卖店各个区域的照明相互结合，才能产生意想不到的效果。

第1章 照明概述
第2章 光与电的关系
第3章 照明灯具
第4章 照明量计算
第5章 照明与设计
第6章 直接与间接照明
第7章 艺术照明
第8章 照明案例赏析

8.7　博物馆照明

在今天这个科技愈发发达的社会，博物馆越来越融入人们的生活中，为了更好地展示文物，博物馆的灯光照明设计也在不断地更新、变化。博物馆的灯光照明设计的核心是要在鉴赏与保护之间取得平衡，在未来的照明设计中要重点突出这一点。

展示空间：照明要合理利用天然光和人工光

←格栅顶棚照明是展示空间照明比较常用的方式。此处格栅顶棚照明在原来的基础上亮度有所增强，搭配天然光与下照式射灯，既很好地将展品展示在众人面前，灯具效率也有所提高。

→发光顶棚照明是将天然采光与人工照明相结合的一种照明方式，适用于净空较高的博物馆。此处博物馆展示空间选用可调光的LED灯管作为发光顶棚的内嵌光源，光线比较柔和，能够提供基础照明的同时，也能很好地展示展品。

←导轨投光照明是在顶棚吸顶或者在其上部空间吊装、架设导轨射灯的一种照明方式，适用于均匀排列展品的区域。此处的展示空间在其绘画作品上方均匀设置有导轨射灯，可以很好地突出绘画作品，其安装位置也可以自由调节，比较方便。

←嵌入式洗墙照明主要是利用照明灯具将光线投射到墙面或者展品上，此处的展示空间选用了灯带以及内嵌式筒灯作为照明灯具，将光线均匀地投射到墙面，增强了展示空间整体的照度。

→嵌入式重点照明的形式比较多变，对于灯具的要求比较严格，还可以通过特殊的反光罩来达到照明的效果。此处展示空间在其顶棚设计了嵌入式彩灯，光源可以变化，照度也可以调节，具有很好的灵活性。

←反射式照明主要是通过具备漫反射特性的材质来将光源隐藏，再使光线投射到反射面的一种照明方式。此处展示空间充分利用了顶部独特的顶棚造型，搭配天然光和小射灯，将灯光通过三角玻璃板反射，营造了一个比较舒适的视觉环境。

💡 **图解**小贴士

博物馆在引进天然光进行照明设计时，必须要注意对日光的控制，要避免光线过强而对展品产生影响，防止过度的日光直射，避免展厅过热，还必须注意防止眩光对视觉的伤害和干扰，可以通过调节采光位置以及对其采光部位细节部分的设计来调控日光。

第1章 照明概述
第2章 光与电的关系
第3章 照明灯具
第4章 照明量计算
第5章 照明与设计
第6章 直接与间接照明
第7章 艺术照明
第8章 照明案例赏析

特殊展品：以保护性的照明为主，同时能展示展品的特性

←大型雕塑的照明以重点照明为主，泛光照明为辅。此处雕塑顶端设置有下照式的LED灯，搭配两边的侧照式灯，给雕塑造成了不同程度的阴影，能够很好地凸显出雕塑的立体感。

→博物馆内大型的机器设备都具有很悠久的历史，照明一定要注意避免光学辐射。此处展品的照明选用了光线比较柔和的LED灯，数量也比较少，在提供展品基础照明的同时也能很好地营造出一种年代感，增强了观赏者的参与感。

←放置于展示柜内的手枪适宜采用重点照明的方式。此处手枪展示柜照明选用了上照式的射灯，能够很清楚地展示手枪的外观与质感，灯具拆装也比较方便，灵活性比较高。

　　博物馆展品的照明要注意协调好光源均匀度以及对比度的关系，通常博物馆陈列室一般照明的地面照度均匀值应该大于0.7，平面展品的照度均匀值不应该小于0.8，而高度大于1.4m的展品，照度均匀值不应该小于0.4；对比度则是指物体亮度与背景或环境亮度的比值，其中包括亮度的对比和颜色的对比。

←博物馆内展出的书画属于平面展品，一般建议选择垂直照明。此处在每幅书画上方均设有下照式的轨道射灯，为书画提供了柔和连续的照明，同时使得书画在垂直面上有很好的亮度对比，照明效果绝佳。

→文字展示同样属于平面展品的一类，此处在历史文献上方均匀设置了照度比较柔和的筒灯，既为公众阅读提供了适合的照度值，也能与周边环境形成光源上的对比，增强阅读氛围。

←服装展示的照明重点是要展示其材质与设计，同时要兼具保护功能。只展示一件服装的橱窗，在设计照明时一般会采用重点照明。此处在展示柜上方设置了间距一致的轨道射灯，下照的方式可以很清楚地展现历史服装的纹路与设计。

💡 图解小贴士

在设计展柜照明时要注意隐藏展柜内的光源，最好能够避免被观赏者看到；同时要注意做好防紫外线措施；要处理好展品面与展柜玻璃面之间的反射关系；另外大型展柜还必须保证照度均匀，最好将均匀值控制在0.3以上。

第1章 照明概述
第2章 光与电的关系
第3章 照明灯具
第4章 照明量计算
第5章 照明与设计
第6章 直接与间接照明
第7章 艺术照明
第8章 照明案例赏析

展品背景：照明主要能创造一个温和的视觉环境

←展品背景的照明不仅影响着展示效果，也会对视觉有影响。此处展品背景选用了上照和下照相结合的照明方式，与展示品相互形成一个新的光影世界，光线也不至于太亮，引起视觉不适。

→在同一展示区展示两种展品时，照明要分别设计。此处展品背景选用了垂直下照的方式，通过光线照度和亮度的对比将展品凸显出来。展示面积比较大的区域，光线比较亮，面积比较小的，光线比较暗，通过这种对比，使得整个展示区更具有层次感，有明有暗，在视觉上也形成了比较良好的过渡段。

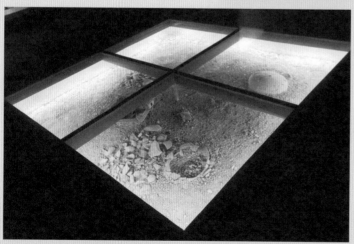

←对于展示区内要重点突出展品某一部位的，同样适合选择重点照明。此处展品周边环境整体色调比较暗，中间突出文物的亮度，将这个展区的中心凸显出来，能将观者的视线集中在此处，文物上光线也比较柔和，不会对观者的视觉神经产生伤害。

　　在设计展品背景的照明时必须考虑到观者的视觉接受程度，展品背景与展品之间的亮度对比不能过大，防止刺激观者的视网膜，对其视觉感官造成伤害，最好的展品背景照明是所呈现的效果能使观者对展品颜色的视觉感达到饱和的程度，这样也能更好地凸显出展品。

通道：以一般照明为主，依据场景的变化而变化

←博物馆内的通道四通八达，照明要与整体环境相呼应。此处通道上方设置有内嵌式的筒灯，为观赏者行走提供了基础照明，配合展品上方的轨道射灯，为通道营造了一个明亮的浏览环境。

→展示区外的通道照明要比展示区内的照度值高。此处为通往出口处的通道，在顶棚处分布有间距和照度均一致的筒灯，为上下台阶以及进入拐角区提供了比较高的亮度，有效地减少了跌倒事故的发生。

←不同主题的博物馆，通道的照明也要有所不同。此处为科技博物馆的通道，照明依据通道独特的造型而设计，在弧形顶端均设置有节能型的LED灯，与纯白造型的通道相配，营造出浓厚的科技感和设计感，同时光源和地面的反射形成的光线也起到了很好的引路作用。

图解小贴士

博物馆内照明设计必须建立在保护展品的基础之上，在设计时要充分考虑光辐射所产生的热效应以及化学效应会对展品造成哪些影响，并尽可能多地朝着绿色设计的方向进行灯光照明设计。

第1章 照明概述
第2章 光与电的关系
第3章 照明灯具
第4章 照明量计算
第5章 照明与设计
第6章 直接与间接照明
第7章 艺术照明
第8章 照明案例赏析